U0909906

不生病的女人

给女人永葆青春美丽的十六堂健康课

静柏心然◎著

中国财富出版社

图书在版编目(CIP)数据

不生病的女人:给女人永葆青春美丽的十六堂健康课 / 静柏心然著. — 北京:中国财富出版社,2018.7

ISBN 978-7-5047-6650-2

Ⅰ. ①不… Ⅱ. ①静… Ⅲ. ①人生哲学-通俗读物 Ⅳ. ①B821-49

中国版本图书馆 CIP 数据核字(2018)第 103884 号

策划编辑 宋 宇 **责任编辑** 齐惠民 王 典
责任印制 梁 凡 **责任校对** 孙会香 张营营 **责任发行** 张红燕

出版发行 中国财富出版社
社 址 北京市丰台区南四环西路 188 号 5 区 20 楼 **邮政编码** 100070
电 话 010-52227588 转 2028(发行部) 010-52227588 转 321(总编室)
010-68589540(读者服务部) 010-52227588 转 305(质检部)
网 址 http://www.cfpress.com.cn
经 销 新华书店
印 刷 三河市天润建兴印务有限公司
书 号 ISBN 978-7-5047-6650-2/B·0539
开 本 880mm×1230mm 1/32 **版 次** 2018 年 8 月第 1 版
印 张 9.75 **印 次** 2018 年 8 月第 1 次印刷
字 数 178 千字 **定 价** 49.80 元

序　言

给自己一个清净光明的生命状态

前不久，去医院探望一位旧时老友，若不是有其他朋友一同前往，我几乎不敢确定眼前这个瘦削憔悴的病人就是曾经与我有过数年情谊的Z女士！

八年前，我在陕西继续完成学业，平时给女性时尚网站撰稿以赚取些零花钱。我和Z女士渐渐相熟，当时她是网站编辑。在我印象中，她是个性情温婉、善解人意的大姐姐。除了工作上的往来，私下里我们也会分享各自的小情绪，听彼此诉说一些小秘密。每当我来到北京，必然第一时间联系她，而她若是得空，也定会邀我一起吃饭。

记忆中的Z女士，气质优雅、衣着时尚，给了我很多鼓励和帮助。但自从去年冬季，Z女士和我却突然断了联系。近来才从我们共同的朋友口中得知，Z女士得了重病，一直都在治疗和调养中。

病床上的Z女士脸色焦黄如枯叶，昔日里柔顺的长发凌乱打结，曾经澄澈的眼睛里泛着疲惫和痛苦。这场景让人见了真是心酸又心痛。

在这个世上，没有不苦的人。你我他，皆遍尝生活中的苦痛，每一天都在生老病死诸种苦楚中循环不歇，没有一时一刻能够平静安宁。一旦得了病，往日的活力便不复存在，再美丽的容颜也会凋谢枯萎。身心上的病痛，其他人是难以理解的，只能由自己忍受。更何况为了医治身心疾病，人们要投入大量的财力，有时候某些病痛甚至都无法医治，而病人只能在痛苦中离世。

对于承受病痛的人们来说，我们应当在现实生活中寻求身心解脱、对治身心病痛的方法。当然，这并不是说我们就应该完全拒绝去医院治疗，而是应当在平时就注意调治自己的身心。这样，总比一旦大病重症降临自身之时再去求医问药靠谱得多吧。

每一个人，都可以在现实生活中找到适合自己的修心途径，在现实生活中学会调治身心，远离种种痛苦煎熬，修得一个清净光明、智慧无畏的生命状态。

大家不妨回想一下自己平日里生病时的情形。病重时，顾不得梳洗打扮，更遑论创造、享受幸福美好的生活了。身心都在病痛之中，分分秒秒都承受着煎熬，哪里还谈得上对未来生活的憧憬呢？若是有，也是盼望着自己能赶快康复起来。

再看看我们身边的亲人眷属、知己老友，当他们身患疾病时苦不堪言、形容枯槁，我们看在眼里，疼在心头，然而却没有丝毫办法能够代替他们受罪。

这个世间没有哪一样不是医治身心的“药”，就连痛苦挫折也是药。比如，我们现在身受疾病折磨，内心恐惧，身体疼痛。但我们意识到了这种苦，我们也受够了这样的苦，那么就会生起一个脱离痛苦的心念。我们既要遵照医生的叮嘱进行治疗，同时也能通过一些修心静心的方法来调整自己，于是病痛之苦便成为了促使生命状态得到改善的一个契机。

体验到了苦，说明已经生起了觉知，不尝尽诸种痛苦，又怎么能提起帮助自己乃至帮助他人脱离痛苦的心念？不苦到绝望，人又怎么舍得放下吃喝享乐等事，又怎么舍得从禁锢心灵的囚笼中逃出来？看到别人遭受病痛之苦，可以使我们警醒，从而不再把心思都放在吃喝玩乐方面。自己亲身经历过病痛之苦，就会明白身体健康的重要性，就会对长寿安乐充满期望。

只要学会调心，心病不起，身体上的小病痛也就容易医治了。世间没有人不向往光明喜悦，也没有人不渴求安乐平静。

若要提高生活质量、提升生命品质，我们唯有脚踏实地去调治身心，而不是陷落到生活的厄运中就此怨天恨地。在现实生活中，我们要熄下那贪婪心、嗔恨心、杀戮心，而要生起欢喜心、清净心、慈悲心。当我们身体健康、生活平安顺利时，切不能忘乎所以、贪婪悭吝，而应该想到世事无常，健康的体魄也会有衰老生病的一天，因此要提起心念，时刻修心。一旦某天，我们陷落在抑郁、忧伤、焦灼等心理疾病或身体病痛之中时，就不会太过悲观绝望，因为我们知道，人总要经受痛苦，而每一次痛苦，都是促使我们提升生命品质的契机。

目　录

第一课

给内心播一颗平和的种子

学会平息内心的躁动 …… 2

病痛的根源在哪里 …… 5

欲令自身安，先使他人安 …… 8

专注当下便是最好的体验 …………………………… 11
培养对疾病的正面认知能力 ………………………… 14

第二课
做一个善调心灵的智慧女人

健康长寿离不开修心调心 …………………………… 18
恢复心灵的本来面目 ………………………………… 21
让生命充满喜悦与安详 ……………………………… 24
女人要懂得审视自我 ………………………………… 29
如何训练自己的心 …………………………………… 32

第三课
病，源头都在我们的那颗心

过一种看得见本心的生活 …………………………… 36
把人生的脚步放慢放缓 ……………………………… 39
做自己的主人，唤醒生命能量 ……………………… 43
不要跟着情绪走入痛苦的深渊 ……………………… 47

内心清净平和 ………………………………………… 50

第四课

调御身心的途径

让我们寻回丢失的柔软 ………………………… 54
慈悲是最好的治愈力 …………………………… 57
让所有人都能获益 ……………………………… 61
随时随地去掉心中杂念 ………………………… 65
心病还需智慧医 ………………………………… 69

第五课

靠着内心能量，远离病苦

让身心光明清净的方法 ………………………… 74
负面情绪需要随时清理 ………………………… 78
要诚实对待自己的负面心念 …………………… 82
打开窗，让生命充满阳光 ……………………… 86
把身心调理到平衡状态 ………………………… 89

第六课
让行住坐卧皆成修心

在自性中观察病痛 …… 94
长得漂亮，更要活得漂亮 …… 98
在大地上坚实地行走 …… 102
过一种绿色生活 …… 106
观察呼吸，从此刻开始 …… 109

第七课
带着善意面对人生

尽量接受生活中的不愉快 …… 114
换个角度看待人生 …… 119
辨别消极想法，然后解决掉它 …… 123
为自己造一座心灵的花园 …… 126
人生的烦恼，多数源自缺少智慧 …… 129

第八课
每一天都是生命的新起点

让生活中充满正念 ………………………………… 134

留一些观心的时间 ………………………………… 137

既要清心，也要轻心 ……………………………… 141

想要身康体健，先从内心转变 …………………… 144

在大自然中冥想 …………………………………… 147

第九课
清理内心的“灰尘”

感受生命最自然的状态 …………………………… 152

永远不要消极地对待自己 ………………………… 155

心灵有光，容颜才漂亮 …………………………… 158

整理身心杂念，这是一门学问 …………………… 161

从坏情绪的牢笼里走出来 ………………………… 164

第十课
给自己一个机会，重启身心能量

追求健康，先从内心的解脱开始 …………………… 168
放下攀缘执着，让身心真正轻松 …………………… 171
揪出自我的愚妄之见 ………………………………… 174
按下病痛的暂停键 …………………………………… 177
很痛吗？有痛苦才肯求解脱 ………………………… 180

第十一课
做一个身心柔软的女人

把心安住于一处 …………………………………… 184
内心柔软，生活才平静 ……………………………… 188
若想健康长寿，养心是根本 ………………………… 191
保持心念上的断舍离 ……………………………… 194
重视每一个重塑身心的机会 ………………………… 197

第十二课

我们怎样才能活得不抑郁

警惕心中涌动的“灰色想法” ························ 202
不抑郁、不焦虑、不纠结 ························ 205
重视精神榜样的作用 ························ 209
其实，我们可以活得不悲观 ························ 212
减压修心，该怎么修 ························ 215

第十三课

用善巧的方法平衡身心

找一种轻松简单的保健方法 ························ 220
吃喝享乐，不如每天静坐 ························ 222
观察内在，没你想的那么烦闷 ························ 225
给心灵找到一个出口 ························ 229
要善待生命中的每一天 ························ 233

第十四课

抚平那颗烦恼的心

不要在别人的眼光中行走 …………………… 238
抚平那颗烦恼的心 …………………………… 241
深呼吸，然后就放下执念 …………………… 244
对生活摆出喜悦的姿态 ……………………… 248
去接近那些正能量的人 ……………………… 252

第十五课

让身心内外明彻，净无瑕秽

生命不是安排，而是一种追求 ………………… 258
所谓调治身心，就是把自己的事情做好 ……… 262
用大爱活出真正的自我 ……………………… 266
自然疗愈，不失为一种途径 ………………… 270
通过检视身体，进而修炼内心 ……………… 273

第十六课

自己懂得养生，何须劳烦医生

你完全可以成为最幸福的人 …………………………… 278
疾病虽可怕，却有办法降伏它 ………………………… 281
对待病魔，要有坚定的信心 …………………………… 285
心量大，健康便唾手可得 ……………………………… 288
活对了，才可能少生病 ………………………………… 292

不生病的女人

给女人永葆青春美丽的十六堂健康课

第一课
给内心播一颗平和的种子

如果我们的内心世界存在的问题没有处理好，那些不断生起又落下的烦恼没有解决掉，那么即便我们拥有得再多，也始终处于“活不明白，活得痛苦”的状态之中，直到生命结束的那一刻，整个人生都是灰蒙蒙的。

学会平息内心的躁动

世间一切生命，皆会经受各种各样苦。生老病死虽然无可避免，但我们却可以在人生这百八十年里提升自己的生命境界和生活质量，让自己也让别人活得不那么苦。

然而，我们所谓的提高生活质量，在大多数情况下指的都是提高物质生活水平，虽然这也无可厚非。只是，真正高质量的生活水平、高层次的生命状态并不只是包括物质层面，还包括心灵和精神层面。比如，当我们遇到身心病痛时除了看医生，求助于现代科学治疗手段，还应该通过调治身心的智慧来化解心灵的恐惧和痛苦。

当然，我们不仅要在身心病痛时修习如何调治身心，在身心无病无痛的情况下也要时刻修习身心。因为在许多时候我们都被“心病”折磨。如果能够掌握一种方法，平息内心的躁动不安，让自己真正活在智慧光明中，同时还能给身边的人以正面影响，这该多好！

这个心愿固然是好，但并非轻易就能实现。这就好比我们渴望闻到花朵的馨香，但如果我们面前没有鲜花，这香气又怎么会凭空而来？又好比我们都希望自己成为优雅迷人的女士，可如果平时不做好诸如学习、健身、护肤、礼仪等功课，我们又怎么能成为真正优雅高贵的人呢？

心中有一个好的愿景与真正实现它，那是两个层面的事。

所以，我们只能踏实而精进地调治身心，进而擦亮心灵的镜子，平息内心的躁动，使身心处在平和喜悦之中。除此之外，谈论什么身心清净安乐，那都是空谈。如果我们的内心世界存在的问题没有处理好，那些不断生起又落下的烦恼没有解决掉，那么即便我们拥有得再多，也始终处于“活不明白，活得痛苦”的状态之中，直到生命结束的那一刻，整个人生都是灰蒙蒙的。这样的生活，没有谁想要吧？

有位烦恼深重的女士常常因为家庭矛盾而头痛不已。她说，自己衣食无忧，可以说应有尽有，但就是内心时常烦闷痛苦，又因为长久以来的心病而引发身体各部位的疼痛。如果有一种方法能够让自己摆脱这样的痛苦，那她一定愿意去做。

可是后来，当她接触到调治身心的方法，诸如冥想、静坐等，又觉得这些太难了，也没有耐心坚持下去。于是，身心的痛苦不仅没有减少，反而不断加重。可见，要平息烦恼痛苦、获得身心健康，不仅要有上进心，更需要有坚持下去的耐心。

现在，我们就踏上学习如何在现实生活中调治身心之旅，在清凉自心、愉悦自己的同时，也能够给其他人带去欢喜和帮助。

【智慧心语】

现实人生中总有种种困苦
如果没有对治苦痛的方法
我们注定在痛苦中盘旋打转
实现身心平静并不困难
只是要找到适合自己的方法

病痛的根源在哪里

对于现代人来说，大家比较重视的还是现实生活的状态以及对现实生活中理想的追求。其实，这本无可厚非。追求美好的生活，乃人生至高理想之一。

但实际上，我们经常生活得并不是很美好。

每一天，我们都在承受着、感受着许许多多的苦。刚刚失恋的人承受着失去挚爱的苦，患有病痛的人承受着身体和心灵的双重折磨，对物质生活充满希求的人因为无法满足自己的欲望而感到苦闷，占有着物质资源却又因为精神空虚而备感痛苦的更是大有人在。

心病或身病，皆是由于身心不调和所引起的现象。不论是身体的某个部位、某个器官出现问题，还是长久积压的情绪，甚至是某种负面的心念，都能够引发身心的不调和，于是疾病和痛苦生起。

但不论是身体上的病还是心灵上的苦，最终都能够通过调整身心来得到缓解。因为苦痛其实是一种身心感受，也正因如此，我们才能通过这痛苦的感受生起要消除苦痛的意愿。同时，苦痛也是一种现象，它在不断地变化着，它既有减轻、消除的可能，也有加重、再生的可能。

人只要活着，心理就会有烦恼，五脏六腑就会有矛盾，种种不调和就会一直存在。只是，不同的人生阶段中，这些不调和会以不同的方式呈现出来。每一个病苦中的人，其实要做的无非就是调和：调和身体，也调和心灵。

当然，如果等到患病了，感受到病痛的折磨再想着去治疗、去调和，虽然或许能够消除病痛，但终究还是迟了。不如在平时就注意防患于未然，预防那些给身心带来病痛的元素。这首要的就是要注意心灵卫生，每一种疾病看似是身体上的不适，其实大多数病痛都能在心灵层面找到原因。

随着生活水平的提高以及人们对身体健康的追求，健身运动的爱好者越来越多了。而事实证明，经常进行体育运动的人，确实更显得年轻、健康、有活力又有魅力。这一点，在很多名人事例上都有体现。我们看到一些专注于运动保健、时尚生活的微信平台上经常列举某某名模坚持运动十几年，而坚持健身的结果便是她皮肤紧致、身材健美，与同龄人相比显得活力十足。

除了身体要运动外，我们的心灵更需要关注。这不难理解，为何有许多女性名人热衷于静坐、冥想等专注于心灵层面的方法。

身体上的动与心灵上的静，本来也是不矛盾的。动静协调，身体与心灵往往才能更调和，人的生命状态才更好。

既然病痛的根源已经找到了，那么，我们只要选择适合自己的方法，脚踏实地去对治身心，这就已经在逐步改善我们的身心状态了。当然，我们也不要太急于看到结果。治疗病痛，总是需要一个过程的，更何况要调治身心的疾病与心灵的烦恼本就不是易事。除了带着一颗清净心、欢喜心去观察身心毛病外，我们更要有一颗平常心、恒定心，切勿急功近利。

【智慧心语】

身心不调和才生起痛苦
调治身心便成为日常功课
我们都来做个观察自心的人
不要在痛苦中度过此生

欲令自身安，先使他人安

人生常常会因为烦恼不断而感到痛苦。不论是有钱、有地位的人，还是没钱、没地位的人，都会有各种烦恼，烦恼缠身的人们如果不能找到苦痛的根源到底在哪里，就会采取许多错误的方法来寻求安乐。比如，有钱的人希望通过花钱买快乐来让生活变得更精彩，没钱的人如果找不到能让自己快乐起来的事情做，就会怨天尤人，恨自己为何会是个穷光蛋。

再比如，当人们因为某事某人而产生愤怒、恼恨的情绪时，往往把关注点放在外部环境，认为是外部环境与自己作对，而偏偏没有觉察到愤怒、恼恨的源头在于自己的内心，于是不断地抱怨，却看不到内心的问题。可见，红尘中的芸芸众生很难真正活得平和安乐。

有朋友说，人们对生活太有追求，因而才会活得痛苦。但实际上，人们希望自己生活祥和喜乐，这并不过分。人人都有向着光明而生的追求，也都有过上富裕生活的追求。更何况，求得一个衣食安稳的生活，这个想法本来也不过分。只是，在希望自己生活得安乐幸福的同时，也应该先做到使其他的人也过得安乐，至少也是别给他人增添痛苦。说得通俗易懂些，就是不要给身边的人添堵。

比方说，一个总是控制不住自己负面情绪的人，动辄把自己的怒火撒到别人头上，这就是给别人添堵，就是给其他人增添痛苦，别人因此而烦恼，他自己过得也不安乐。但这类人还不是最可怕的，最可怕的是那种他自己活得痛苦却不思改变，还要有意识地把这些痛苦加诸于其他人身上。

自己内心存在病疾，这确实很痛苦，但既然自己身处于痛苦之中，又何必把这痛苦施加给他人呢？既然大家都愿意亲近能够给自己带来清净欢喜、智慧祥和的人，那么像这种只把痛苦带给他人的人，自然会落得众人远离的下场。最终，茕茕孑立，孤身一人，没有朋友，没有愿意亲近自己的人，这就更谈不上生活得安乐了。

曾经看到一幅美术作品，描绘的是古时候有一个智者，他四周围拢着许许多多的人，每个人都面目和善，画面上有彩色光环，给人以清净安宁的感受。我想，正因为这位智者具有慈悲和智慧，并且心怀大愿，希望世上的每一个人都能安乐、祥和，因而才吸引来诸人。

大家都安乐，我才安乐。这样的心，便是光明清净的心，每天怀着这样的心生活，我们又怎么会轻易陷落到烦恼痛苦之中呢？

【智慧心语】

身心的安乐离不开慈悲

摆脱痛苦，寻找快乐，离不开智慧

让心灵归依在光明清净里

从此做一个心怀慈悲欢喜的人

专注当下便是最好的体验

不论我们多努力、多乐观，在我们生活中总会出现诸多障碍。我们朝某个目标前进，在努力拼搏的过程中，受到各种因素的制约，由于不能专注当下，坚持下去，最终导致我们偏离了原本的人生航向。以身边的事情举例，某位朋友自主创业，本来自己把事情做得风生水起，可奈何家人就是不支持她，后来又遇到了其他困难，最终便只能放弃自己喜欢的事业，不得不遵从父母安排，考虑其他的就业方向。

我们可以把这些不顺遂、不如意理解为人生中的某种缺陷、障碍和阻力。表面上看，这些人生缺陷确实给我们带来了许多麻烦和痛苦。但是，如果我们调治身心，能够真实地接纳它们，不断提升自己的修为，增长自己的智慧，即便面对人生中的种种障碍也能内心不乱，不恐惧焦虑，专注自己所做的事，就一定会成功。

有位朋友分享的生命经验颇具启示性：“当遭遇生命中的障碍时，首先想到的就是专注而平静下来。就专注于当下的生命之中，不去想着这些障碍会给自己造成怎样的麻烦，也不要想它们会给未来的生活带来怎样的苦恼。”有时候，当我们真正直面生命中的障碍时，往往会发现这些障碍也并不十分可怕。而所谓的焦虑、恐惧、可怕等情绪，其实是我们首先给这些障碍贴上了“引发不幸”这个标签后才引发生起的。

让心变得不散乱，专注于当下，这就需要我们通过一些修心方法来做到。比方说，静坐冥想，或者练习瑜伽。总之，是要把散乱的心念收束起来，同时止息心头的妄念。生命中的障碍，是无可避免的。我们不必因此而恐惧焦虑。善根可以耐心培植，智慧可以慢慢增长，那么，不论生命里出现怎样的困厄和障碍，我们都不再恐惧了。

所以，专注于当下的一刻，就是生命中最好的体验。但专注的前提是，我们的内心具备足够的定力。不然，一遇到小风波就犹如面临灭顶之灾一般。这种定力如何修得？即在平时就应该多下功夫修心。比如，别人在疯狂购物时，你则专心修习、调治内心。时间久了，生命境况的高下便显见出了差别：平时从来不对修心下功夫的那些人遇到一些小情况就慌了手脚，而你呢，由于长久地在修心上下功夫，每时每刻你都可以专注地面对生命，不论是自身能力不足，还是外界风波顿起，你都正确地意识到这无非是生命中的一个个现象，而现象的意义就在于，它不是固定不变的，因而不必担心会永远被生命中的困厄所笼罩。

【智慧心语】

生命中的障碍无从避免
但障碍也是成长的助力
面对生活中的困厄无须恐惧
专注在当下那一刻
真实地接纳一切不如意
这未尝不是一种最好的生命体验

培养对疾病的正面认知能力

被生活中诸多困境和障碍所牵制的人们，就好比是被绳索绑缚了手脚和心灵一般，毫无自由可言。平日里，我们都说要“追求一种自由的生活”，可讽刺的是，你我皆是那不自由的人。

最常见的事例就是，我们总是被很多不如意的遭遇阻碍了前行的脚步，被一些灾难和挫折牵扯了精力。这实际上是一种现实与理想的不调和。一旦现实生活中遇到挫折，我们就会觉得痛苦。外在环境是这样，影响人的内在因素也是一样，人之所以会得病，正是因为身心不调和，而疾病这种现象可以视作一种提醒：快点调和一下自己的身心吧，再这样下去，整个人生就真的完了！

当然，人生中的灾难和痛苦，这个也可以算作一种病痛的折磨。或许某个人生阶段我们身体上没有病痛，但心理健康指数却直线走低。比如被负面情绪层层包裹，自己无法控制坏脾气，难以处理人际关系中出现的种种问题，凡此种种，虽然不是身体上的病痛，但这也是人生中的不调和，自然也是病。

能够认识到自己的身心出现了问题，那么就要采取相应的措施来解决问题。不论是解决身体层面的疾病，还是解脱心灵层面的痛苦，都先要树立信心，不要对病苦产生恐惧心理。要知道，恐惧并不能治疗病痛，而病痛虽然给我们的身心带来了极大的烦恼，但这也能够成为我们转变生命状况的一个契机。

世间无人愿意生病，而疾病却有可能随时生起。一旦病痛缠身，与其忧伤恐惧，不如提起心念，坦诚地接受身体和内心的病痛。只有首先接纳，才能谈得上对治和疗愈。一旦我们看到内心那些来回折腾的念头，就会想方设法地让这些念头渐渐减少，让内心趋向于平静的状态。而内心越是清净平和，身体状况也越是健康乐观。

【智慧心语】

做一个不生病的女人
平日就注意调和身心
一旦病痛出现
不忧虑、不恐惧
坦诚接纳自己
对病痛建立正确认识

不生病的女人

给女人永葆青春美丽的十六堂健康课

第二课
做一个善调心灵的智慧女人

好种子和坏种子都埋在内心的土壤里，而到底要让哪些种子发芽开花，这个决定权在我们自己。我们给快乐喜悦的种子浇水施肥，久而久之，快乐喜悦的种子就会开出花，让我们的身心清爽起来，生活幸福起来。

健康长寿离不开修心调心

为什么我们总是对自己不满意，对生活不满意？那是因为我们内心除了对现实生活有正当的欲求之外，还有许多不正当的欲求。当这些欲求无法满足时，我们就会心生痛苦，或者因为遭遇某些人生障碍而烦恼丛生。

可是，如果我们善于观察自己的内在，并且时刻注意调整身心，让身心处于平和的状态之中，那么又何必苦苦去求健康长寿呢？身心健康，无病无忧，这还不是自然而然的事情吗？

修心调心，这又离不开现实人生。因为我们都是活在现实中的人，谁也不可能从现实人生之中跳脱出去再谈追求别样的人生境界。而所谓修整身心，正是要在现实生活中、在人生的障碍中、在无数个烦恼中修正自己的心念和言行。

不论是烦恼，还是病痛，其实都能够在心念上找到源头。我们不妨看看自己身边的人，那些经常满心满念都是负面念头、时时刻刻都带着负面情绪的人，他们不仅内心痛苦、难以安乐，表现在身体层面，更是存在着许多病痛。

修心调心，实际上就是把内心那些负面的、阴暗的心念都给清除掉。花园里长出了杂草，我们都知道应当拔掉它。可内心那些不够光明甚至完全阴暗的念头呢？我们更应该及时清理掉它们啊。

当人们感受到种种烦恼痛苦不断逼近自己，就要想着从这些烦恼痛苦的境地中走出来。可我们往往会忘记，痛苦与快乐的感受都是自己的内心产生的，而不是别人带给我们的。比如说，一个女孩子被两个不同的男生邀请共进晚餐，然后一起看电影。那么女生肯定会认为与自己喜欢的那个男生一起约会才最幸福，而与自己不喜欢的人见面则最难受。这幸福与难受的感受都来源于她自己内心，要选择和谁约会，她也有着充分的自由。

可是，现实生活往往不是像与人约会这样具有选择性，有些障碍、困境、厄运，是我们根本不想选择却又摆脱不开的。这时候该怎么办？还是要先问问自己的心。先接纳了这障碍和厄运，再把心放在其中去历练吧。这个过程确实很痛苦，但也正是因为痛苦越深重，对于调整心态的渴望才会越迫切。——就好比那病重的人，为了治疗疾病，再苦的药也愿意喝下去。

所以，为了调整我们的心性，就不要再畏惧人生中的那些障碍和挫折了，毕竟，只有把心性调理好，把那些阴暗的想法清除掉、过滤掉，我们才能向着光明前行，才能把身心调理到比较健康圆满的状态。

在生活中，我们如果遇到让自己抓狂的人和事，千万不要与这些障碍针锋相对，这样只能增加更多的郁闷。

这时候，我们应当把注意力放在自己的那颗心上。通过修心调心，让平时披戴着沉重的盔甲的，有一副坚硬的外壳的心得到释放，当我们不去与障碍计较，那么心灵就会新生，并褪去那坚硬的外壳，变得光明、清凉、柔软。如此去想，是不是觉得身心轻松了许多？

【智慧心语】

修心调心是幸福生活的根本

应在现实人生中调和身心状态

以正念来影响人生

让自己的心性越来越放松

恢复心灵的本来面目

在古今一切大智慧者看来，世间芸芸众生在心性上都是无差别的。在外部的物质世界，确实存在高矮胖瘦、贫富强弱等差别，但是在光明无瑕的心性上，我们大家都是平等无差别的。举例来说，我们都可以通过自觉调整心态、意识、调理身体，而获得健康的身心状态。大家都有这个能力，因此说每个人本无高下不同。

只是，我们长久地处于愚痴昏昧的状态中，经常生出许多颠倒可笑的念头，想要追求安宁，却因为不能带着自我去生活而距离安宁平和的内心越来越远；想要追求享乐安逸，却又看不到享乐安逸原本就是一切变动的现象中的一种，因而当享乐的生活走到了尽头，痛苦烦恼就顿时生起；我们想要获得更多财富，过上满意的日子，可是快节奏的生活不仅给我们造成沉重的身心压力，更引发诸多不适，比如头痛、失眠、莫名的焦灼感以及各种心理失调症状。这些身心问题严重影响了我们的正常生活，从而偏离了自己理想中的生活。

恢复心灵的本来面目，就是要带着觉知去生活，带着觉知去观察、看待、感受生命中的一切。如果带着觉知去感受爱情，我们就会发觉爱情如同其他。情感一样，本身就是不断变化的，世上不存在永远不改变的感情和关系，只要我们觉知到这一点，就不会沦为爱情中的俘虏。爱情的发生，自有其缘由；爱情的消失，也必然有一定的内因外缘。当我们带着觉知看待爱情，看待伴侣，就不会生出那么强烈的占有欲望。

再比如身心上的病痛。如果带着觉知去看待它，我们就会明白身心不调和才会产生各种疼痛、酸胀等不适的感受。既然身心不调和会产生疾病，那么我们就通过相应的方法使身心调和，如此去想，身心顿时轻松不少。何必恐惧忧伤?

在现实生活中，我们也不难发现，一旦病人在心念上有所转变，身体上的病痛也随之有所改变。越是把内心调整到放松平静的状态，身体上的病痛就越是减轻；而思想负担越是沉重，原本身体不过是小病小痛，最终却不断恶化。

当我们内心杂乱，实在难以平静时，不妨通过数息法，让内心的杂念逐渐趋于平息，并保持心念专注于某个情景交融的意象之中。这些意境中，可以有徐徐清风，有鸟语花香，有莲花朵朵。哪怕是自己构想出的一个意境也好，至少，我们可以通过构想，让自己的心安静下来，看到心灵的本来面目就是喜悦平和，从疲累焦灼中走出来。

身体上的疲劳总是比较容易恢复，可心理疲劳若不能得到及时地缓解，就会为日后的身心健康埋下隐患。当疲劳感袭来时，人们只是认为放松休息便可恢复体力，可殊不知，心念杂乱、难以平定，将会给身心带来更深层持久的疲惫倦怠。

因此，不要那么忙碌，人忙则心盲。做一个善于时刻观察内心、平定内心的女人，你会发现，轻松愉快地生活其实很简单。

【智慧心语】

回归到内心世界去观察
观察这原本喜悦光明的心性
在忙碌的生活中适时偷闲
给自己一些观察内心的时间

让生命充满喜悦与安详

我们的这颗心就好比土壤一样，里面埋着不同的种子，这些种子里有喜悦、慈悲、感恩、快乐，也有愤怒、嗔恨、恐惧、焦灼和冷漠无情。

好种子和坏种子都埋在内心的土壤里，而到底要让哪些种子发芽开花？这个决定权在我们自己。我们给快乐、喜悦的种子浇水施肥，久而久之，快乐、喜悦的种子就会开出花，让我们的身心轻松起来，生活幸福起来。

但如果你选择了没日没夜地给仇恨、愤怒、恐惧和暴力施加力量，那么它们同样也会蓬勃地生长。然后，它们就散发出腐坏的气息，搅扰着你的身心、你的生活。等到有一天，你发现这些搅扰自己、烦恼自己的因素正是在自己的纵容下才得到了生长，你就会后悔、痛苦，但却是悔之晚矣！

当然，在生活中我们总会有控制不住自己负面心念和负面情绪的时候。你我皆是如此，所以，你我都是苦海中的人。

就像我家中的一位亲戚，她不发脾气时，给人一种非常可亲可爱的感觉。但当她满心燃烧起怒火时，不论是亲人眷属，还是邻居朋友，恐怕都要绕开她走了。为什么呢？因为实在害怕看到她那可怖的面孔。她也非常苦恼：“唉，我就是控制不了自己的坏脾气，典型的点火就着，脾气一上来就会讲出非常伤人心的话，当火气消散之后，又常常悔恨不已。”

大家看，这位阿姨的情形和我们自己在日常生活中的情况是不是很相像？我们并不是那大奸大恶之人，但内心一旦被愤怒仇恨的毒草缠绕，就会做出伤害他人同时也伤害自己的事情来，生活得非常苦恼，简直不知如何是好。

但是最近与这位阿姨接触，我们却发现她的性情比从前柔和多了，至少不再是那种与人一言不合就拍桌子怒吼的样子了。

再进行更深层的接触，我们又发现这位阿姨不仅性情柔和了，而且精神状态和身体状况也比从前好得多。从前的她由于爱发脾气、性格固执，因此身体上大病小痛的情况不断，很是熬人。由于身体情况较差，阿姨自然就没有精神，整天都是恹恹的，甚至有一次她在发怒时心口痛得厉害，她不得不在旁人的帮助下先坐下来，然后花费好长时间去休养。

阿姨说，人人都知道被烦恼缠裹的日子不好过，但我们除非是苦痛到了极点，不然还不肯调整身心，采取正确的方法对治自己的烦恼和满身的毛病。

当内心充满喜悦安详时，这种感受不仅让我们自己觉得舒服，并且还能影响到别人，让其他人也感受到喜悦安详的力量。这个道理我们明白，但就是在现实生活中经常会控制不住自己的坏脾气。因为我们还缺少在日常生活中有意识地审视自己的内心和言行举止。但也正如同前面提到的那位阿姨所说的那样，不到苦痛的极点，我们就不肯生起改变自己的决心。这位五十多岁的阿姨在愤怒嗔恨的习惯中度过了几十年，她说这几十年的痛苦实在是受够了，而她在生起“一定要改变，要让自己变得更好”的决心后，便开始着手调治自己。

于是，她开始关注如何培植出一心利他的慈悲精神。这位性情暴躁的阿姨说，她在病房里，回忆起自己往日的行为，内心非常悔恨，觉得过去的自己非常愚蠢！她只是因为别人的言行冒犯了自己，就毫不留情地发泄怒火，而不是带着诚意与谅解去与人沟通交流。慈悲并不意味着毫无原则地畏惧退缩。能够拿出诚意和原则来与人沟通交流，并且能容得下不同想法，这是心胸坦荡开阔的表现。我们实在没必要因为一点点琐事就大动肝火，说一些让人堵心的话。或许，当时我们自己嘴巴上很痛快，但是根本问题并没有得到解决，甚至人际关系还会更为恶化。

看看我们身边的人，大家都有各自的痛苦和烦恼，本来已经活得很煎熬了，我们怎么还忍心增加他们的痛苦呢？由此去想，即便有人伤害了我们，可我们的一些不当言行却也引发了他们的痛苦，我们又如何还能安心生活呢？

那位阿姨说，只要她一想到自己那火药一般的脾气给身边的人带来了痛苦，她的内心就非常烦闷，继而就会观察自己曾经发过的脾气，发现引燃坏脾气的导火索无非都是鸡毛蒜皮的小事情，而真正撼动自己原则、侵犯自己正当权益的事情发生时，自己反而束手无策。

“当时我就想，以后再也不要发脾气了。带着情绪待人对事，不仅对于解决问题毫无帮助，并且还给自己和他人增添了无数痛苦。”阿姨说这话时，已经病愈出院，她面带微笑，还略有羞涩，说话的声音十分轻柔，这让人听起来觉得格外亲切温暖。

要想克服自己的毛病，这条路可不好走。想想我们自己，每当我们说“唉，不能乱发脾气了”或者“嗯，以后说话一定注意，不能带情绪”时都是发自内心的，但多年的习气就像牢固地黏着在我们的生命中一般，要想彻底去除，可得要下一番功夫呢！这自然不能心急，心里一急，火气又该冒出来了，遇到一点事情又要被“打回原形”了。

我们能够觉察到自己的烦恼习气，然后树立起信心，给自己一些时间去克服、去坚持，而不是给自己施加种种压力。心灵花园里的那些种子要开花结果尚且需要时日，我们不如每时每刻给内心中那些充满正向力量的种子浇水施肥，然后，静等喜悦平和的花朵盛开。

【智慧心语】

要对自己的不良习惯进行内省

留意日常生活中的一言一行

用善意的话语止息他人的痛苦

给病痛中的人一些关爱帮助

当我们内心变得柔软温暖

也就不会再给他人带来伤害

女人要懂得审视自我

我们生存在现实生活中，离开物质谈理想的人生境界是非常不切合实际的做法。衣食住行等物质所需是不可缺少的。在人们的想法中，这些物质所需应当是越丰足才越有安全感。当我们打开衣柜时便不难发现，除了有过冬的厚衣服，还要有各种不同款式、不同颜色的搭配饰物，只有穿得漂亮，我们才心里高兴；每当我们买回来自己所需所爱的物品，总是心里喜滋滋的，穿上新衣后对着镜子照个不停。可见，物质对于幸福生活的重要性是无法否认的。

但是，为了获取更充足的物质需求，我们就要不断地提高自己的收入。没有钱，就买不来东西，生病了就无法及时就医。这个道理并不难理解。当我们的收入无法满足自己的物质需求时，内心的焦灼、失落以及对自己的失望就会蔓延开来，于是烦恼丛生。而有些人为了获取更多的物质，自己又不愿付出努力，便滋长出很多不善的念头，这些不善的念头又会催生出许多恶行。

如此看来，我们生活中的大多数恶行恶念是与物质匮乏有关的。一位女性朋友很坦诚地说：“假如自己事业发展顺利，能够积累下财富，那么就会大幅度地提升生活质量，此时自己内心状态也是充满喜悦的；可如果生活上缺衣少食，内心就会特别暴戾。一句话，物质资源太匮乏，人心是会变坏的！”

只是，我们没必要把所有的心思、全部的时间都用在获取丰足的物质资源上，虽然物质资源确实重要。可我们毕竟不能沦为物质和金钱的奴仆，而是要成为善于使用物质资财的智慧女性。并且，还应该在平日里审视一下自己的内心，觉察一下自己的心念。

没有人愿意过贫穷的日子，没有人愿意看到自己通过辛苦劳动获取的物品被人掠夺一空。因此，我们就要时常地返回到自己的心念之中，看看自己有没有动过占别人便宜的念头，有没有动过要靠着不劳而获去度日的念头，要时常地省察自己是否因为别人生活富裕而动过某些不当的念头。

念头正了，心念清净了，身心上才不会产生罪恶的负担，这体现在物质生活层面上便是生活越过越安定，反映到身心健康层面则呈现出平定安然的气质。由于心念纯然清澈，烦恼也就相对较少，因而人的精神状态才流露出亲和、安静的特质。

有些关于生活态度的文学作品中抱持着“内心越清简，生活越平定”的观点，其实，这并没有什么不妥。我们谁也离不开物质资源，但我们也该知道，占有过多的物质也没什么必要。丰足的生活体现在很多层面上，而物质占有只不过是其中之一。我们不要太纠结自己占有的物质过少，而应该思考如何通过正当的方法过一种真正安定丰足的生活。

物质资源与心灵成长之间并非矛盾关系，而是幸福人生的两端，都需要我们关注，偏废了任何一个，我们的生活都会失去平衡。

【智慧心语】

在审视自我的时候
做一个生命的旁观者
过滤掉多余的欲望
守护好平和的内心
不要在物欲中让身心疲累

如何训练自己的心

缺少物质所需，缺乏衣食供应，人就会生活得很痛苦；缺少对心灵的关注，缺少智慧，人就会由于正确知见的缺失而永处愚昧晦暗之中。

所以，智慧的女人不仅善于观察内心，关注心灵的成长，更善于训练自己的心。因为内心生起的各种念头以及起伏不定的情绪，都会影响到人体的健康情况。这从我们身边的事例中就不难发现。通常来说，但凡是内在比较平和、情绪波动较少的人，身心健康情况都不错；反观那些动辄怒火冲天而且还不知向内在寻找问题的人，身体健康状况都不太乐观。

法国心理学家、精神科医师克里斯托夫·安德烈在其心理学专著中认为，情绪是一种不可否认的力量，它不仅影响着我们的人际关系，更影响着我们的健康，并且这种影响程度远远超过我们的想象。

大家可以细细思考一下，是要等到病痛降临、无法解决的时候跑到医院排长队、花大价钱看医生，还是在平时就修习自己的内心、学着调节情绪从而保持身心健康？调控内在世界没那么难，印度现代著名的女智者蒂帕嬷就非常善于调整自心，她认为，每一个在现实生活中饱受负面情绪和负面心念折磨的人，都可以通过止息妄念的方法来获得内在的自由平定，通过整理内心进而安定身体，最终实现身心调和，这样便可以将患病的概率大大降低下来。

要训练自己的那颗心，最关键的是收束那些散乱的心念，让自己变得专注起来。如果你愿意尝试，那么可以跟随我一起这样做：首先，让自己的身体和心灵都处于放松、敞开的状态中；其次，专注于一起一伏的呼吸。我们不必刻意地放缓它，也不必暗示自己什么。以非常放松的姿态保持呼吸的均匀，而我们的心念就专注于这缓慢均匀的呼吸上。

当心安静下来，心上不断涌现、变化的念头便清晰地呈现出来。通过观察这些心念，我们能够看到自己的心是多么劳累！刚才还因为一点儿小成绩而沾沾自喜，转眼间就被旁人的冷言冷语打击得升腾出怒火；昨天还在为了某些不愉快的事情而辗转反侧，今天又被莫须有的情况牵绊着产生焦灼不安的情绪。

你看，心上的每一个念头都清楚明白地呈现出来，因为心念而生出的各种情绪也顿时现了原形。我们的这颗心如此不安定、不平静，那就难怪自己身体上会出现各种不适和病痛了。那么，我们该如何平定心念、平复情绪呢？答案其实很简单，就是需要我们坚持去践行修心的想法，例如通过诵念经文，用清晰有力的声音来平定妄念、安稳内心。

【智慧心语】

若要不生病，先修好那颗心

让内心常处光明清净

清洗掉那些不好的念头

恢复本心的平定安宁

第三课
病，源头都在我们的那颗心

我们的本心和自性是什么？它清洁纯净，没有杂尘，就好比水晶，好比琉璃，剔透晶莹，内外明澈，但我们的这颗心随着生命过程的日积月累而堆积了许多尘埃。我们向内看，是一片黑暗；带着这样的心性看待外部世界，也是一脸的茫然。

过一种看得见本心的生活

最近身边有不少女性朋友抱怨：心太累。但如果详细了解一下她们整日都在忙什么，得到的答案也并没有与自己料想的有多么不同。除了照顾家庭之外，还要兼顾工作。每天都很忙，但也没忙出个新鲜花样来，然后不知为何心就是很累很疲乏，对生活根本提不起什么兴趣。

在现实生活中，我们固然都要承担起各自的责任，但也并不意味着我们只能像陀螺一般地转动不停。我们也可以在适当的时候慢下来、停下来，给自己选择一种能够看得见本心的生活。不然，我们每天都活得那样急匆匆的，从来不曾留意到身边的一事一物，更没有享受过身心安宁平静的一时一刻，那么等到临命终时回想起这匆匆忙忙的一生，岂不是会倍感悲哀难过？

平日里，我们总在嘴边挂着这句话，“等我闲下来时，我就去做自己喜欢的事”，或者“等我没事了就去看望某个好朋友”。仔细想来，这和不重视现在而把所有的期待都放在未来又有什么区别呢？

要提高生活质量，那得把心思放在当下。这并不是说我们想起来什么就做什么，因为要做成某事、达成某个心愿，都要具备一些条件和因素，只有做好充分的准备，才能心态平和，不至于手忙脚乱。当然，也不要让自己无限期地拖延着，因为有些事情是禁不起等待和拖延的。

比如，在生活中洞见本心，在琐事中觉悟自性，过一种看得见本心的生活。我们的本心和自性是什么？它清洁纯净，没有杂尘，就好比水晶，好比琉璃，剔透晶莹，内外明澈，但我们的这颗心随着生命过程的日积月累而堆积了许多尘埃。我们向内看，是一片黑暗；带着这样的心性看待外部世界，也是一脸的茫然。我们在人生这条路上茫茫然地走着，蒙昧的心生出无数烦恼，这些烦恼从本心中生起，而我们却看不到烦恼的真相，误以为这些痛苦煎熬全是由外界造成的。

既然看不到烦恼的真相，也就找不到解决烦恼的有效方法。我们总是在找各种理由和借口，说自己没有时间和空闲来面对自己的烦恼、内观自己的心性，于是也就不能认识到自己有着从烦恼中解脱出来的能力。然后我们就在烦恼中越陷越深，越活越累。身心病痛一旦生起，这种苦痛无法向人诉说，当然也无人可以代替承受。

为了清除掉烦恼，消除身心病痛，远离都市，远离人群，断除社交活动，甚至连工作也不要了，说是要过一种“清净”的生活。可是，假如我们真的以为只有远离现实人生，才能真正让自心清净下来，那就进入了另一种极端的状态。

不论是哪种途径，哪种方法，为的都是寻回本心，认清自我。形式虽然千百种，但目的都是一样的，这是一个由迷惑转为觉悟的过程。

但这个过程意味着我们需要有所舍弃。要舍掉安于享乐的心，舍掉自高自大的心。世间的工作没有高下分别，但最殊胜的事业就是寻回本心、洞见本心、实现生命境界的飞跃。这并不说明修行就与世间工作相冲突，事实上，每一个人、每一件事、每一个人生阶段、每一个生活中的困境，都是为了提醒我们：要认识自己的本心啊，不要把目光一味地投放在外境，而是要去自心中去寻找解决烦恼的办法。

【智慧心语】

当身陷病痛之中时
请看看自己的那颗心
当生命陷落在障碍中时
请停止抱怨，去观察自心
心安定时，身体安处在舒适状态
调和身心，便是向内觉察、省思

把人生的脚步放慢放缓

一位哲人说过：“人们只有在安静的状态下才能觉察到生活的美好以及生命的价值。”但问题就在于，我们总是过着匆匆忙忙的生活，不仅停不下匆忙的脚步，也无法平息那躁乱的心。

如何把人生的脚步放慢放缓，这个问题颇值得我们细细思考。生活在当今时代，我们每一个人都要兼顾好每一个人生角色。这就使得我们更容易心烦气躁，也更容易因为烦恼而患上各种病痛。有些病痛的根源就在于我们无法息止那急躁不安的心。比如某位一心想站在事业顶峰的女友，对待工作从不敢有丝毫懈怠，甚至连“稍微休息放松”的念头都没有。有上进心又肯努力工作，这明明是好事情，可我这位女友却因为无法放慢人生的脚步，最终被慢性疾病缠身。

她认为，生活节奏太慢就是“不求上进”的表现。可越来越多的成功女性都已经觉醒了，她们更认同的生活方式是快慢适宜，而不是一味奔忙。比如，在洛杉矶杜比剧院捧得小金人的艾玛·斯通。原本她只是个平凡的女演员，是一部美轮美奂的歌舞片成就了她，而她也成就了这部名为《爱乐之城》的影片。

从平凡普通到万众瞩目，这绝对不是一味着急忙慌就可以实现的。艾玛·斯通自己也说："要坚持，但更要有耐心去等待。"在好莱坞这个美女影星汇集的地方，她是靠着十几年的磨炼才等到了自己熠熠闪光的这天。她明确表示自己不相信世上有速成的成功。也正是因为艾玛·斯通懂得适当放慢人生脚步，她才能坚持着在忙碌之余进行瑜伽、健身等对身心有益的运动。这使得她既能保持好身材，更能拥有好状态。内在状态美好，整个人的生命境界便与众不同。

忙碌，有压力，这是正常的。但假如只是忙碌，只是有压力，那就是非常态的生活，是有损身心健康的生活，是不利于身心成长、远离幸福喜悦的生活。

在很多时候，我们之所以活得累，是因为我们眼中看到的只有"赶快完成的任务"，而没有看到"值得用心体会的生命经验"。就好比有些朋友热衷于健身，渴望在短时间内通过健身来达到瘦身健美的目的。但是，当我们只是关注"目的"，就必然会对完成任务的过程充满厌烦感。可是如果我们把注意力更多地放在感受健身这个过程中，那么我们想到的就是在这个过程中收获到的快乐。

面对人生这个旅程，我们还是以一种略微缓慢的速度来进行吧。不要急躁，就不会产生那么多的焦灼。当我们带着专注却也悠然的心态去诵读经典，就会感受到这个过程中的平静祥和真是不可言说的。而这样的生命体验，反过来又会帮助我们得到更深层的放松。当身心放松下来，生活的节奏放缓放慢，我们做事情时的心态就会和原先不一样了。

以往我们总是活得很赶，吃饭要赶，走路要赶，就连与人说话也是急吼吼的，那语速快得让对方都无法做出正常的反应。

如果你也是一个活得很“赶”的人，不妨在闲暇时间，或者利用诸如等人、等车时的碎片时间来关注一下自己的呼吸。先让自己活得不要那么“赶”，在吃饭前先静静心，这样不仅肠胃能够得到放松，就连我们进餐时的情绪都会变得平和安静。专心地咀嚼食物，而不是一顿饭仅花五分钟吃完。这样做，不仅更有助于营养的吸收，对于身心健康也有裨益。因为进餐的这个过程培养出的是我们专注喜乐的心态。

同样的，我们走路时也是如此。如果担心上班迟到，担心无法准时乘坐交通工具，那我们就早睡早起，这总好过睡前不停地玩手机，第二天着急忙慌地跑着上班。我们走得慢一些，这样也才能走得稳当一些。

这些看起来都是生活琐事，没什么特别的，但只要能对我们的身心有益处，这种简便易行的方法，岂不是更好吗？

生活中的每一件琐事都能令我们感到身心烦恼，从而将我们拖入到痛苦的深渊。因此，别以为诸如吃饭、行走等生活琐事不重要，只要是与现实生活有关的一切都重要。在行住坐卧等诸多日常琐事之中保持内心的清明，实现身心的平和安乐，岂不是世间第一等妙事？

【智慧心语】

心散乱时，先关注自己的呼吸吧

心忙碌时，就先放松一下心灵吧

适当放慢生活的脚步，不追不赶

拥有一个真正身心健康的人生

做自己的主人，唤醒生命能量

在《李尔王》里有这么一段话："人一旦有病在身，肉体受苦，心神也跟着它遭难。那时候，我们也就由不得自己了。"真可谓道出了病痛之中的人们遭受着何等的折磨：被疾病消耗着生命能量，至于生活的苦乐半点都由不得自己做主。

生理上的病痛以及心理上的痛苦，只有亲身经历过的人才知道这滋味有多不好受。一旦病痛缠身，自己就不再是生活的主人，而是被烦恼痛苦牵绊。而最智慧的活法，就是要重新做回自己生活的主人，重新唤起生命的能量，掌握喜悦生活的航向。

什么才是理想的人生？这是个见仁见智的问题。但身心健康、外貌端严则是最为根本的基础。但是，身心的健康不仅需要实现身心各处的调和，更要求我们过一种健康美好的生活。生活习惯不够好，则必然影响身心健康。这与我们在生活中投入了多少金钱无关，并不是服用越多的保健品，身体就越健康，容貌就越美丽。真正健康美好的生活，首先要带着一颗美好的心，时时处处都带着检视、观察自己的心念，能够反省、忏悔自己的言行，并且选择真正有益于健康的生活方式。

比如，以饮食习惯来说有的人吃饭是每顿必有肉，饮食中有些肉食品本无可厚非，但有些伤病患者医生若嘱咐过多吃蔬菜，少吃肉食的话，自己就应该试着调整以往的饮食习惯，可以尝试着多吃素食，保证身心健康。不必担心蛋白质等营养成分摄取不足，因为果蔬中含有的营养成分并不比肉类中含有的少。

“禅食午餐”的发起者、著名环保人士周兆祥老师指出，适当地吃素不仅有助于体质的酸碱中和，降低罹患癌症和肿瘤的风险，并且在净化身体的同时，还能净化心灵、改善肤质。通过吃素，人们身亲体验到身体净化后的轻松喜悦感，内心也减少了对美味食物的执念，这样既有助于环保，同时也能改变人们的心灵和生活观念。当人们内心变得清净、慈悲、喜悦，生命品质才能随之得到提升。

这便是过一种真正对身心有益的生活。

再比如，我们总喜欢说“让生活有点仪式感”，那么不妨过一种带着感恩与喜悦的人生。畅销书《与神对话》的作者尼尔·唐纳德·沃尔什在经历过灵修体验后声称：对生活做一些充满爱和感恩的仪式，将会让自己的生命体验焕然一新。表达感恩之情，不仅能够帮助我们更有效地感受生活，而且还能最大限度地唤起我们对生命的热爱，从而一扫内心的沮丧、抑郁等负面情绪。

其实，作为女人，我们的生活压力也很大，并且由于内心细腻敏感，更容易出现情绪上的波动。这就更需要我们平日里多关注自己的身心健康，而不是沦为重重压力之下的身心重症病人。威斯康星大学心理学博士瑞恩·马丁（Ryan Martin）指出："现代生活看似为我们提供了诸多便利，但不健康的生活方式却越来越多，这些不健康的生活方式会使我们处于难以摆脱的紧张状态之中。"对于女性来说，长期生活在这种状态中，简直是对美丽和健康的摧残，任是涂抹多少护肤品，可内在已经出现了问题，势必会影响容貌和体态。

世上女性，皆重视身心健康，重视容貌体态。大家都希望自己是个容光焕发、美丽优雅的女人。所以，选择那些健康美好的生活方式，持守内心的正念，我们才能由内而外地美丽起来，才能不断地调和身心，真正地实现身体与心灵的双重健康。

【智慧心语】

选择一种真正美好的生活

带着感恩、喜悦和慈悲的心

过一种真正有益于健康的生活

常常检视自心、省察言行

时时注意身心的调和

不要跟着情绪走入痛苦的深渊

每天，我们总能看到一些因为疾病导致家庭陷入贫困，或者因为贫困而致使病人无法得到及时救治的新闻。在人们的内心中，总是把“疾病”与“贫困”联系在一起。因此大家才会经常把“有啥也别有病，没啥也别没钱”这句话挂在嘴边。

一旦患有重病又无钱救治时，我们确实会对自己的整个人生都变得绝望。缺医少药已经很是煎熬，更何况有些病人没有亲眷朋友的照料，感受不到亲情或友情的温暖，既病且贫又孤苦伶仃，于是更觉得人生没有盼头，绝望失落的情绪更加剧了。

只是，有些人很幸运地得到他人的关心照顾，得到社会的关注帮扶，能够得到救治，重获健康，并由此走上专注身心健康的轨道上来。但并不是所有身患重病的人都能如此幸运。而对于那些未患上重病却一直身心不适、苦痛诸多的人来说，必然也是情绪不佳，对生活失去希望。即便并没有到这种程度，但也会始终生活在压力之中，无法平息内心的烦恼，若是放任负面情绪，被坏情绪牵着走，那么，轻度的身心不适很快就会发展为比较严重的身心疾病。

女人的烦恼和痛苦，女人自己最清楚。比如每个月的生理期，腰酸腹痛、手脚冰冷；还有生儿育女的时刻，既是女人最幸福的时刻，但也是女人最痛苦的时候。这是生理上的痛苦。但女人心理上的烦恼其实更多。比如有些人、有些地方对女人抱有歧视，即便女人本身非常努力，也会被一些歧视女人的人说三道四。

女人既要承受生理的苦，还要承受心里的苦，怎能没有小情绪？可是，我们不能被情绪钳制住，不能被情绪牵着鼻子走。

所以说，女人倒不妨也要有一些大丈夫的精神和气魄。面对爱情，潇洒一些，对得起自己的本心就好；面对他人的歧视和质疑，大胆地接受，女人不比男人差，如果既有能力，又能够开阔心量，那么生活中的阻碍也好，别人的歧视也罢，那就都不能成为让我们烦恼的原因。心量敞开了，心中正确的知念逐渐增多，就能够化解自己的烦恼，还能够帮助其他人从低落的情绪中走出来。

这种大丈夫的精神，并不是说要女人都像个汉子一样生活，而是说应该着重开阔自己的心量，不要轻易地生出小情绪来。女人要扮演的角色很多，既是母亲，也是女儿；既要照顾家庭，也要发展事业。失恋一场，事业一次，对于女人来说都是如同蜕皮一般的折磨，各种负面情绪丛生，折腾得自己寝食难安，于是身心健康也跟着大打折扣。但是，我们假如有一颗金刚一般无畏、精进、勇猛的心，还怕人生没有重新建立起来的时候吗？

所以，千万别被情绪拖进痛苦的深渊，时刻扩充自己的心量，做一个外表柔美但内心刚毅的女丈夫吧。

【智慧心语】

打破自我的疆界

放下不必要的顾虑

以大丈夫的心怀去面对生活

以慈悲和欢喜去面对众生

内心清净平和

人活在世间，极少有一时一刻能够真正地平定安静下来。特别是与人相处时，争端与恼恨总是难以避免。当有人因为遭遇到凌辱、欺诈、猜忌时，内心就会被痛苦的感受缠裹起来，又会因为这痛苦的驱使而做出种种报复行为。

说起来，还是因为我们太“闲”了，宁可伤害自己、伤害别人，也不愿检视自我，止息烦恼，停止相互之间的伤害以及自我伤害。

就像之前某位朋友说的那样：“我也很想让内心平静下来，不被怒火控制，不被痛苦影响，可是自己真的做不到!”

其实，我们大多数人都是事后清醒，而在事件之中则多数情况下无法自控。

人心的本质，就是清净平和的，而自己的任何烦恼不快，则是在内因外缘的共同作用下才产生的。只是我们把太多的心思都花费在了外部世界，很少留出时间让自己去观察内心、审视内心。每当产生不快时，我们扮演的只是个批判者的角色，从来都是指责别人最容易，而检视自己最困难。于是我们就在痛苦的旋涡中一再打转。而那些真正从自己的内心进行观察，努力控制自己、修养心灵的人，基本上都活得通透自在。

曾经听到过一句非常有见地的话："我们是自己人生的创造者。"说这句话的是一位对生活颇有感悟的女士。

在结束了一场并不幸福的婚姻之后，她把所有的心思都用在了仇恨与抱怨上，指责前夫如何辜负自己，成了她生活中不可缺少的事情。她认为这个世界总是充满了虚伪和丑陋，而自己的生活则注定是一出悲剧。在那段时间里，她的健康情况非常不妙，她经常感到头晕、头痛，而胸闷、胸痛则摧毁了她对生活的最后一点希望。

每天，她想的都是"自己活得这么失败，身体上有这么多病痛，还不如一死了之"。但她在帮助邻居将家中突然昏倒的老人送去医院之后，便开始对生命进行了反思。这位突然昏倒的老人身体本就不好，却还非常不注重健康问题。年龄固然导致疾病的产生，但我们也可以采取有效途径来增强体质、改善体质。可见，身体的健康并非完全都由客观因素所决定。

然后，她又开始审视自己的心。纵然有些事情不可改变、无法逆转，但自己却可以决定自己的思维方式和每一个念头。怨恨从何而来？绝望从何而生？那不都是在自己心念的作用下产生的情绪吗？

这位女士后来就每天都花点时间去“洗心”，即把内心中那些阴暗、负面的念头都给洗净。再后来她就发现自己的生活不知从何时起变得光明起来、鲜亮起来。更神奇的是，她那头痛、胸闷的毛病竟不知在何时消失了！

其实，这也并不算神奇。我们的心念和情绪，从来都直接影响着我们的健康。当我们感觉到身体某个部位不适，到医院又检查不出症状时，那倒不如先静静心，然后再净净心。既然我们的心在本质上是清净光明的，那我们就涤除心灵上的那些灰尘，让它重新光明起来、清净起来。

【智慧心语】

每个人都是自己生命的创造者
带着阴暗的心念、负面的情绪生活
我们的生活怎能活出价值？
时常地静下来
让那颗心恢复到清净光明的状态
带着喜悦和正念去创造自己的生命

第四课
调御身心的途径

女性的美，当以柔为贵。这并不是说我们要做那毫无主见、任人摆布、受人欺凌的小白兔，而是应当保持身心的柔软。这种柔软的可贵之处，便在于它能够包容、能够接纳，唯有在包容、接纳之后，才有身心俱宁的可能。

让我们寻回丢失的柔软

为了维持生活，人们总要做出种种努力，但即便如此，依然有可能过着困顿的日子。但为了生存下去，很可能就会不择手段地求取衣食等生活物资，因而就会犯下过错，害人害己。不论是因为生活所迫，还是内心不明道理，凡是那些由于生活物资没有着落而做下错事的人，都是可怜之人。这样的人虽然可恨，但我们也不该对其失去仁慈之心。要知道，我们没有犯错误，并不见得是我们品性更好，而是我们还没有沦落到生活窘迫的境地。

实现生活层面的安定，这还是初步的丰足；能够通过调治心灵达到柔软清净的状态，这才是最彻底的救赎。如果人们生活物资都不充足，那就很难有足够的心思去关注内在。物质生活虽然非常重要，但是，我们切不可在创造丰盛的物质生活时冷落了自己的心。如果听不到内心的声音，不能保持内心的柔软、慈悲、开放和坚定，那么我们就无法突破自我的局限，更谈不上自我疗愈身心的痛苦。

要知道，这种慈悲和柔软，正是我们丢失已久的心灵品质。

女性的美，当以柔为贵。这并不是说我们要做那毫无主见、任人摆布、受人欺凌的小白兔，而是应当保持身心的柔软。这种柔软的可贵之处，便在于它能够包容、能够接纳，唯有在接纳之后，才有身心俱宁的可能。

要寻回那丢失已久的柔软，就应当给自己留出一些静观的时间。生活在现代的很多女性，每天除了从事家务劳动之外，还要全力以赴地在职场上奔忙。时间何其宝贵，所以，我们更应该留出一点空闲给自己，静下来去观察那颗心。

通过静观，我们才能发现自己真正想要的是什么，而不再时刻处于矛盾、分裂、纠结的状态中。身心长期处于这样分裂矛盾的状态，不仅浪费生命，更是耗费身心能量。

静观还有一个好处，那便是通过观察内心活动，观察生活中的方方面面而培养出应对变化的能力。

现实生活中没有什么是我们所不能接纳的，包括病痛在内。

当身体不适时，如果我们只是想到了烦恼痛苦，那么这种感受就会久久地盘桓在我们心中。但我们可以对自己说，尽管目前的身体状态不太理想，可这也是修行的契机。病是由于身心不调和才产生的，而修养身心，除了要培养正知正念、端正生活心态之外，更是一种调和身心的途径。

当我们觉察到自己的心变得坚硬顽固、执着古板时，正说明我们要柔化自心，用慈悲的心去看待世间万物。只有这样，因为顽固坚硬、执迷不悟而产生的烦恼才可能自然而然地散去。

【智慧心语】

让心变得柔软些，再柔软些
既能迎接生活给予的喜悦
也能接受命运带来的痛苦
接纳，顺应，不带情绪地面对变化
心念与情绪影响着身心调和
我们怎能任由它们来干扰身心

慈悲是最好的治愈力

生活中无所不在的遗憾、障碍与缺陷，并不足以成为拖垮我们的因素。但如果内心失去了慈悲，我们就会将自己拖入苦恼重重的境地。嘴上说的慈悲最容易，但我们若是身体力行地实践慈悲的理念，就会发现这很难很难。

慈悲不仅是一种情怀和心念，也是最有效的治愈力量。所以，我们不妨把践行慈悲看作一种扩展心性、疗愈身心的方法。

关于慈悲的践行，其实没必要从高处着眼。身边一位朋友曾经非常豪迈地说："明年一定要挣一百万元，然后拿出十万元来捐助贫困学子。"然而，第二年年底的时候她连五万元都没有赚到，不过做生意这种事能够获益多少确实很难说。她看着账户里并不多的存款，摇摇头说："我帮不了别人了，自己过日子都费劲了。"

而另一位做生意的朋友，从来没有公开说过要赚多少钱，要捐助什么的话，每个月她都会跟随公益组织做一些救助流浪动物或帮扶孤寡老人的事情。

前一位朋友每天活得都很沮丧，因为她觉得自己能力太弱，久而久之便有了抑郁的倾向；而后一位朋友却天天都活得很带劲，每天乐呵呵的像弥勒一般，她认为自己能力虽然有限，但好在是踏踏实实地办了些真正有益于他人的事情，所以感觉越活越有劲头。

这后一位朋友，身体原本并不算好，经常呼吸不顺畅，并且还伴有失眠的症状。但是，近一两年来她却说自我感觉身体状态越来越好。诚然这也是她每天坚持运动的结果，但她实实在在地去践行慈悲，也是促使身心健康不断调和、不断修复的一个原因。

践行慈悲还有一项好处，就是能够改善我们爱发脾气、容易动怒的毛病。

有人认为，谁还没个小脾气、小情绪的，不必在意它们。可是，任何一个毛病、负面情绪都会不断积累，直到某一天，我们就会深受其害。况且，火气大、易动怒的女人，体内淤积的毒素也比较多，如果平时不注意健康，那么等到真的陷落在病痛之中时，再怎么后悔难过，也于事无补了。

所以说，与其等到生病了再去医治，倒不如时时刻刻都注意调和身心，避免疾病的发生。慈悲的最大作用是实现自己与他人的双重安乐，正所谓“在帮助他人的同时也让自己快乐幸福”。慈悲可以培植出人们内心的正能量，正气足了，邪气就会减少，身心的不适也会减少。

如果在现实生活中我们遇到了伤害和不公，那么不妨设想一下，自己因为别人不善的行为而大动肝火，这岂不是让自己受到了“二次伤害”？聪明的女人会做这种事？当太阳晒得我们浑身是汗时，我们要么择一阴凉处避暑，要么采取防晒措施，这些都可以避免被晒伤。从来没见过有谁偏要在日头底下，对着太阳挥拳的。现实生活中，我们面对一些误解和伤害，也该如此，不必存心计较。

当自己的心量逐渐扩展开以后，我们还要尽自己所能地去帮助他人、体贴他人。在这世上，任何一个人都不是单独的个体，总是与其他人有着千丝万缕的联系。这就好比是大海中的一朵朵浪花一般。浪花有大有小，可毕竟都是一体的。所以说，我们以柔软、慈悲的心去对待别人，不仅自己坦然，别人也乐意与我们相处。如果大家都能友善真诚地对待彼此，罹患身心疾病的风险绝对会大大降低。

当我们内心欢喜时，就把这欢喜传递给其他人，让更多的人感受到生活的美好；当我们遭受苦痛时，就想着是在代替其他人而承受痛苦。有了慈悲的心念，又能从自己的现实情况出发去践行慈悲，这才是一个真正懂得调整身心的智慧女人。

【智慧心语】

慈悲是一种治愈力
能够培育出内心的正气
破除自私自利的毛病
柔软的心需要不断地养成
让慈悲成为一种生活习惯
而不要成为停留在嘴边的口号

让所有人都能获益

人与人相处时，难免有些矛盾冲突，有些人理智地做出让步，有些人则不肯吃亏，不肯让步，巴不得占尽好处，即使面对弱者也不肯把半点儿好处谦让出来。这些爱占便宜的人特别喜欢与人比较，如果自己得到的少，别人得到的多，就会特别烦恼，嫉妒横生，进而生出病来。

所以，那些喜欢计较、占便宜、攀比的人，通常来说身心健康都不算太乐观。

以身边的事例来说。某一年恰逢“双十一”，大家所谓的“购物狂欢节”到来了。每个人根据自己的实际需要和收支情况来消费，买到自己真心喜欢的物品，这也无可厚非，衣食住行等商品是每一个活在现实世界的人都理应获取的生活用品。

但是有位女性朋友，因为盲目与他人攀比，结果购物狂欢还生了一肚子气。这位朋友刚刚升职加薪，原本是值得庆贺的事情。可她却得知单位里的某同事买到的物品非常高端大气，在一番比较之下她马上就火冒三丈，认为自己这么努力地工作，结果自己的生活品质并没有得到多少提高。她开始对这位买得起高端商品并且不必为工作奔忙的同事生起了强烈的嫉妒心理。

之后，她最深刻的体悟便是，自己生活得不幸福，这个世界也不美好。不知从何时起，原本面容姣好的她，也渐渐变得有些面目可憎了。眼中不见温柔，显露出的全都是对他人的憎恶、对生活的厌烦。她说自己过得非常不愉快，但自己为何会变成这个样子，她却从来没有认真思考过。

有些人在其生存理念中一直是把“互惠互利”作为准则，而有些人则把盘算计较挂在心上。若说只是自我牺牲、自我奉献，这毕竟太过理想化；而互相帮助、互相扶持，则相对来说更可取些，这也是我们平时应该坚持的生活准则。

如果你能事事先考虑到别人，那么恭喜你，你的心量绝对足够宽广，即便身体生出病痛，也绝不会向病魔低头，甚至会成为那种坦然接受病痛最终成功战胜病魔的典型。这样的人，活得智慧又通透，称得上是智慧女性的榜样。

有人与疾病抗争，有人在困境中挣扎，有人拼命努力却终究与成功失之交臂。但是，这不应该成为我们否定整个人生的理由，更不能成为我们嫉妒他人、不肯与人友善的理由。人与人的交往中也确实存在着伤害和欺诈，但这也不应该成为我们远离大众、憎恨人类的理由。

曾经听过一句特别愚蠢的话，某个工作不如意的人说起身边那些事业有成的朋友时，她说："那些成功人士活得已经够好了，我不必再把好处让给他们了。"

若想以欢喜之心过一生，那么我们就应该把心量打开，既承认人生中缺陷和障碍的存在，又能张开双臂拥抱它们。面对障碍，我们要做的不是对抗，而是先接受障碍，再超越障碍。大家不妨想想，面对那恶言恶语的人，我们是不是都会掉头走开，而不是与他一言一句地争吵？面对人生的缺陷和障碍，我们应该有一个正确的态度：既能给予身边人以方便，让一些好处给别人，而自己又能做到不计较、不攀比、不占尽便宜。肯容人让人者，外界的诸多障碍也不太会挂在心上，自然也就能够远离身心烦恼了。

【智慧心语】

打开心量，让善意生起

带着端正的心去看待人生的缺陷

如果我们不攀比、不计较
身心状态该何其轻松自在
如果我们带着温和柔软的心去生活
就不会被烦恼与怨恨拖入痛苦之中

随时随地去掉心中杂念

在我们身边，总有那么一些有钱有貌但活得特别不幸福的朋友。他们即便拥有一切也一样会觉得自己最痛苦、最不幸，因为他们的贪欲没有满足的时候。由于贪欲无法满足，就永远觉得自己匮乏，于是为了满足贪欲就会做出很多不那么端正的行为。像个吝啬鬼一般地活着已经很可悲了，更可悲的是，为了满足贪婪的念头，有人会去做伤天害理的事情，给其他人带来无尽的烦恼痛苦。

由于占有欲不断加强，不断在起作用，人们会生出强烈的自我意识，对自我过度保护，从而生出烦恼和妄念。泰国著名的智者阿姜查·波提央认为，人们应该通过观察自己的心灵面对外界时做出的种种反应，进而“看到”坚固的自我意识，然后再从中跳脱出来，实现身心的解脱。

在大家的观念里都认为钱财越多越好，虽然物质财富必有其作用和意义，可是如果我们满眼看到的只是钱，这也是一件很可怕的事情。为了集聚钱财，世人总是烦恼不断；为了得到财富，人们恨不得用尽各种手段。所以，我们经常能看到身边或者新闻报道里因为钱财纠纷而引发的仇怨。

那么，“钱”这个东西到底是好是坏呢？其实，财富并不具有任何正面或负面的属性。同样是积累财富，你用正当的途径，那么不论是在花钱消费时还是在工作挣钱时，你的心便都是安定欢喜的，因为没有烦恼和纠结。

如果我们能够在通过正当途径致富的同时，还能根据实际情况实现与他人的互帮互助，那便更能过着安心舒心的日子了。

有些人明明非常富有，并不缺钱，可只是守着财富，既没有因为资财丰足而为亲人带来高品质的生活，也没有用在诸如救助他人等正当途径上。钱成为了银行账户上的一个数字，而并没有流通起来。这就好比文学作品中的那些守财奴，完完全全成为了财富的奴隶，并且还由于守护财富而生出种种杂念，唯恐自己的财富被人夺走，或者某天这些钱财就会化为乌有。这样生活真是又蠢又累。

这世上的一切，既是真实存在的，又是非常短暂的，我们才更应该珍惜眼前的一切，以理智的态度面对世间万物。财富需要流通起来，能够让自己、让他人都活得更好，这才是财富的意义。除此之外，我们还要时刻警惕那些纷繁的杂念。

杂念是随时生起，又瞬间消失的。若要活出生命质量来，那就随时随地去“消灭”那些杂乱的心念而生起正当的心念。比如，我们可以时常告诉自己：世间并没有什么是能够永恒存在的，万事万物都有其产生、发展、消亡的规律，有些事情不必太放在心上，不必过于执着，有些事情放手或许会更好。

当你真的能够这样去看待人事物，内心的牵绊便可逐渐开解，才能从对自我、对万物的执迷和困惑中走出来，从纷繁起伏的心念里安定下来。

现实生活中出现的种种不健康的精神状态，诸如愤怒、焦虑、嫉妒等，都带有破坏性力量。而这些精神状态的根源又在于我们内心种种顽固的意识，以及不断生起又消失的杂念。既然外部事物都已不再紧紧抓取，那么内心的念头也就更没必要紧抓不放了。每当内心出现负面的情绪和念头时，我们就想象一下放手之后或许会更好，久而久之，我们的心灵也就真的变得轻松起来了。

【智慧心语】

这世间没有什么
值得我们紧抓着不放
空中的流云，漫天的星光
一切存在都在变化之中
财富也好，健康也罢
不过都在变动之中
不贪恋，不执取
才能保持心灵的自由、身体的舒展

心病还需智慧医

对财物贪恋执迷的人，活得一定不快乐。其实，不论对什么过于执迷，人都不会快乐，并且会活得烦恼又劳累。

就如同一则寓言故事说的那样，一个小姑娘在雨后的天空看到了绚丽的彩虹，她当时很开心，觉得世界很美好；但这道彩虹消失之后，小姑娘就伤心起来。她的妈妈问她为什么不开心。小姑娘说彩虹那么美丽却不见了，这让她觉得世界没那么美好了。小姑娘的妈妈带着她走出家门，希望她能发现更多美好绚丽的景象。可小姑娘的心里只有那道消失的彩虹，却对其他美好的景物视而不见。后来，这个小姑娘依然闷闷不乐，似乎再也无法开心起来了。

故事里的小姑娘毕竟是个孩子，不懂得过于深奥的道理，可对于心智成熟的你我而言，就应当了解到对一切事物皆不能执取的道理。

一旦内心开始执取一切事物，就会变成贪得无厌之人，而这样的人，总是缺少慈悲心怀、利他精神的，并且会活得非常没有质量。他们永远生活在因贪得无厌、过于执求而带来的苦恼之中；又因为从来不肯做一些互帮互助、有益他人的事情，所以他们的痛苦烦恼也就没人理会，因而终生都在孤苦中度过。

久而久之，这些人不仅烦恼深重，并且还患上了心病，最直接的表征就是各种不健康的精神状态；又因为身心是一体的，所以这些人的身体状况也不会太乐观。

但好在有些人在身心极度痛苦之后生出一丝调治身心的念头。心病还需智慧医，那就老实观察一下我们的那些念头吧，把那些负面心念逐渐清理出去。这可是一件需要持之以恒的事情，尽管看起来很平常，就像吃饭喝水一样，似乎没有那么神秘，可想要把调治身心这种事情坚持下去，缺少坚定的毅力却是万万不行的。而那些坚持调治身心的人呢，也不一定都能活得清净自在，因为他们平息了负面心念，却又生起了骄慢之心。

说起这骄慢之心，不仅普通人会生起，就连那些对待自己比较严格的调治身心的人也会生起。这些生起骄慢之心的人，如果不能及时察觉自己内心这不断生长的毒素，就会变得狂妄起来，总认为自己的见解、行为最正确，而别人说的话、做的事都不对路子。于是，他们就变得刻薄起来，并且还得了好为人师的毛病。不论别人如何生活，他都觉得那是错误的。

以上种种行为，虽然对于身体暂时毫无损伤，却非常容易损伤心灵，并且给自己增添苦恼，给他人带来压力。以上这些都属于“心病”。要救治心病，就需要依靠智慧。这种智慧，便是正确的知见和开阔的心灵。

所谓正确的知见，即透过生活的种种现象而看到实质，比如对待身心疾病，我们要认识到它是一种现象，并非永久存在的，因而要唤起我们疗愈身心疾病的坚定信念。再比如，生活中出现的各种人和事，也是暂时出现的现象，并没有什么能够长久存在。功名利禄，荣华富贵，只是一时的现象；穷苦困境，病痛苦难，也是一时的现象。身处优越的条件中不要忘乎所以，陷入艰难处境里也不要悲哀。

所谓开阔的心灵，便是要意识到生命的局限性，但却不被这局限性所捆绑。比如，我们都是血肉之躯，总会有头痛脑热等诸多病症出现。这是生命的局限性。但是，不论是患有什么病痛，这都无法浇灭我们对生命的热情，于困境之中依然能够扬起希望的风帆。

在现实生活中，虽然身体上的病痛让人备受折磨，可心灵上的疾病则最难疗愈。因为我们的心灵最易波动、最难平静。

当心念散乱、情绪波动难以平静时，可以一边行走，一边说一些感恩生命的话语。这些话语虽然简短，但却能够帮助烦恼之中的我们收束心念。用一行禅师的话来说：“只要缓慢地行走，在行走时专注于当下的呼吸和心念，就可以快速平定下来。”

只要我们能够意识到自己的心灵生病了，敢于面对自己的“心病”，便总能找到对治心病的方法来。但最怕的就是我们不肯承认自己心灵上的疾病，不肯踏实地调治身心。所以，修养内心，治疗疾病，不仅需要坚持纯正的心念，更需要敢于面对身心疾病的勇气。

【智慧心语】

身体上的疾病已足够令人痛苦

而心灵上的疾病则更是影响深远

觉察到心灵生病了，就要勇敢地面对

既要有敢于面对的勇气

更要靠着智慧来解除心灵疾病

第五课
靠着内心能量，远离病苦

现代著名的大智慧者焦谛卡导师认为，人们应在平时就确定观察目标并保持清醒觉知的心，只有这样，才能依靠内心的能量，觉察到烦恼，并且采取适合自己的方法远离痛苦。

让身心光明清净的方法

压力过大，就会导致皮质醇激素分泌出现异常，因而引发身体上的一些炎症，毕竟身心是一体的，内在的状态就会影响身体的健康程度，而身体上出现的病痛则直接反映了内心堆积了多少毒素。对于生活压力大的女性来说，更应该通过适合自己的方法来实现身心的净化。

身心调和，需要时间和过程。有句老话说得特别对，“病来如山倒，病去如抽丝”，病痛从来不会因为我们急于恢复健康而迅速离去，倒是患者自己越着急就越焦虑，身心疾病便越是不易治愈。

很多女性朋友都非常注意养颜，为了让脸蛋看起来很漂亮而不惜花大价钱。但真正智慧的女人，不仅要养颜，更会养心。美是由内而外散发出来的，真正的美总能让人产生愉悦快乐的感受，这绝非仅仅是“漂亮”就能带来的效果。

养颜还只是停留在表面，而养心则必然会与调治身心健康结合在一起。如此一来，养心的女人会变得更有灵气，身心状态也会更好，并且在愉悦自己的同时也能让身边的人感受到平和与温柔。

有位相熟多年的友人是一名服装设计师。她没有曲线玲珑的身材，也没有令人惊艳的容貌，但她有一颗柔软光明的心。

有一次我们要参加一个与读书和生活态度有关的活动，众位姐妹皆是用心地装扮自己，希望能给人们留下美好的印象。但我的这位设计师朋友在去活动场所的路上，她的长裙下摆被一辆自行车给刮破了。如果换作别的朋友，恐怕当时就会急赤白脸地与那人争吵。但设计师姑娘并没有被这个意外事件搅乱了心情。她先去某个家住附近的朋友那里剪掉了被刮破的长裙下摆，又对下摆的其他位置做了剪裁。这样一来，原本的长裙改成了带不规则下摆的中裙。我们心疼这条裙子，可她却笑着说："挺好的，这样绝对不会和其他人撞衫啦！"

现在的她呈现出一种清净美好的状态，但是在多年前，她还没有调治心性时却完全是另一个状态。印象最深刻的是某次我们一起去车站接一位朋友，本来出门时就已经不早了，况且半路上堵车很厉害，她心里又急又气，整个人就仿佛是一座随时可能喷发的火山，话里话外全是抱怨。这给同行的人带来了极大的压力，也让出租车司机非常恼火。

或许是被自己的情绪给折腾得太苦了，她终于踏上了调治身心之路。只是在最初的阶段里感觉很是难熬，因为要改掉存在了二十多年的不良习惯，这实在不是什么轻松的事情。

但是，坚持调理内心的益处便是实现生命的净化。

现在，她给人的感觉就是不焦虑也不焦躁，很少因为自己情绪不好、状态不佳而干扰到他人。姑娘说，她也有自己的压力，可是转念一想，谁活在世上没压力呢？看看身边的那些女伴，她们由于没有及时清理掉内心的烦恼，进而引发了身心不调和，患上疾病，看着都让人觉得心疼。都说女人要好好地爱自己，可是“爱自己”并不是多买几件漂亮衣服或者名牌化妆品这么简单。

生活中的一切阻力、障碍、困境等，都是暂时存在的现象。但是，对于内心光明清净的人来说，这些障碍并不足以影响到自己的幸福快乐。世间的女人没有不爱自己的，但我们需要的是更高等级的“爱自己”。

选择适合自己的调治身心健康的途径，就需要我们多接触善法并且真正地去实践。嘴上说着怎么清净，可内心却乱作一团，这样的活法是很糊涂的。

【智慧心语】

找到真正适合自己的调治方法

选择心平气和快乐幸福的生活

带着光明清净的欢喜心

做个善于调和身心的女人

从此远离身心疾病的困扰

负面情绪需要随时清理

出生于缅甸的心灵导师焦谛卡认为，人应在平时就确定观察目标并保持清醒觉知的心，只有这样，才能依靠内心的能量，觉察到烦恼，觉察到痛苦，觉察到负面情绪和阴暗的念头，并且采取适合自己的方法远离痛苦。

人们在嫉妒、贪心、悭吝等各种负面心念的作用下，就会做出赞叹自己而毁谤他人的行为。他们很愚蠢地认为，通过这种手段便能彰显出自己的好处，但这种心念、这种行为却会将他们拖入更为痛苦的境地中。

人们为何会嫉妒他人？那是因为人们在无法正视并接受自己的人生缺陷时，只会盲目地羡慕别人，进而心中充满嫉恨。这也说明，如果一个人的心量过小，便只能将自己局限在某个感受和境地中，不可能从痛苦中解脱出来，只能深陷其中，并且由于善妒而引发其他身心疾病。

心量小，就会生出各种各样的负面情绪。负面情绪积累得多了，我们的心灵就会沉重无比，我们也不再能做自己的主人，时时刻刻都被这些负面情绪牵绊着、绑缚着。如果自己都无法控制自己的心念和情绪，更遑论过一种自由的人生，又如何能够实现身心健康的生命状态？

所以说，我们要时刻对自己的念头和心性保持敏感与察觉。一旦感觉到自己的某个心念、某个情绪有可能将自己拖入烦恼的深渊，就要及时采取措施，改恶向善，莫要等到既要忍受身心病苦，又要承受内心的烦恼之苦时再去后悔。

在平时，我们要对自己的情绪有一定的自我认知能力。当不良情绪生起时，先别忙于压抑克制，而要进行有效疏导。比如，以适当的方式进行冥想。只有当进入到相对平静的身心状态里，才能有效地观察情绪，进而对情绪进行疏导、清理，然后才能收获欢喜安静。

心灵导师咏给·明就仁波切对大众说过：对治情绪，要用转化的方法，即把负面情绪转化成欢喜清净的情绪。

先安安静静地坐下来，通过“数息法”来平定内心。当内心平静下来时，便可以对情绪进行观察，其实愤怒、仇恨、抱怨、嫉妒等情绪并不是自己的敌人，因而不必进行对抗。而是要提醒自己，这些负面情绪的对象并不是永恒存在的，既然如此，那么又何必要愤怒、嗔恨、嫉妒呢？如此观想，负面情绪便逐渐减弱。

在这个基础上继续想象。这时，就要用慈悲观来转化。当自己被烦恼缠裹时，自然是痛苦万分。冥想时，正好可以趁着内心安静仔细地体验这些痛苦，继而想到身边的那些人被负面情绪袭击时也是一样的痛苦。当我们把关注点从自我身上转换到他人身上，将会明显地感觉到负面情绪似乎不再那么沉重。

此时再继续观想，究竟哪一个是痛苦烦恼的承担者呢？实际上，我们每时每刻出现的情绪波动，都能够通过适当的方法来排解消散，只是，大多数人宁愿选择通过吃喝玩乐或其他刺激性的娱乐方式来达到快乐的目的，也不愿意深入地观察情绪，进而疏导情绪。吃喝玩乐虽然也是生活中的一项活动，不必坚决废弃，可毕竟不能彻底瓦解负面情绪带来的烦恼。

所以也就不难理解，为何很多朋友即使美味不离口，任性“买买买”，却依然无法真正地从负面情绪的阴影中走出来。

【智慧心语】

各种负面情绪涌起时

我们的身心就被绑缚了

由着情绪搅扰得自己坐立难安

如果我们能够对负面情绪有所觉察

通过冥想方法转化它

我们就会成为自己的主人

而不再是被负面情绪羁绊的愚人

要诚实对待自己的负面心念

认识一位朋友，L 女士。她说她自小就是个性格好强的人，“凡事总要争第一，小时候是争学习成绩，长大了是拼工作业绩，自己创业后整天都像个身披盔甲的女战士，随时准备着拿下客户，然后等年底时看看银行账户上又多了几位数。”

33 岁时，L 女士迎来人生第一个疲劳期。某天从公司回家之后，她一下子就瘫倒在沙发上起不来了。多亏她的爱人在一旁照顾，还一直劝她去医院检查身体。L 女士摆摆手，说：“还年轻，就是最近事情多，太忙了，哪里就能轻易生病？休息两天就没事了！”

但当她 36 岁突然晕倒在办公室时，可就不是“休息两天”就能继续元气满满了。L 女士不得不听从医生的劝告，暂时休养身体。她的好友提醒她：“喂喂喂，休养身体的同时，别忘记照顾一下自己的情绪和心念啊。”

若是从前，L 女士听了这话绝对会翻脸，可现在 L 女士只能缩在病床上连连点头。

她自己最清楚不过，多年来自己是如何被那些负面的情绪和心念折腾得如此疲累焦灼。每一天，她都被负面心念绑缚着，把自己带入了非常痛苦、难以平静的状态中，更可怕的是，她从来没有正视过那些负面心念，因而也就不可能将这些制造痛苦的“凶手”剔除掉。

在这一生中，我们的负面心念多得真的无法计算。每时每刻都有一些阴暗的心念蹿腾着、翻滚着，以巨大的力量搅扰着我们平静的内心，让我们深受其苦。很多时候我们也想平静下来，我们都在问：“为什么我控制不住自己的情绪和心念?”那是因为我们根本就没有胆量去正视它们。

在人们内心里，既有正向、善意、美好的心念，也有与之相反的心念。大家不要不好意思承认，面对自己的情绪和心念，我们应该诚实对待并且毫无条件地接纳下来。不然，就谈不上改善心灵状态，调治身心疾病，达到身心健康、生活幸福的目的。

应用心理学认为，一个人身心愉悦、健康所必需的因素不外乎能够无条件接纳、心里有安全感、心里有被重视的感觉。如果我们同时具备这几个条件，那么即便心中生起情绪波澜和各种念头，也能够比较坦然地面对自己的问题，而不是采取回避、无视的态度。当然，仅仅是诚实面对自己内心的消极、阴暗的方面，还不能帮助我们恢复身心健康。我们需挖出负面种子，而让身心处于平和喜悦的感受之中。心灵的状态对了，身体上感觉才会良好。

这要求我们首先要勤于观察自己的心念，当意识到那些自私自利、愤怒恼恨的念头时，就要采取对治方法，如此才可避免身心被更大的痛苦摧毁。

所谓正念，一是觉察和观照，二是正向光明的心念。只有当我们静坐时才能够产生心念平定的体验，而心念平定之后，我们才能够生起智慧，用智慧去观察内心的痛苦烦恼，并且用正念进行转化。

呼吸时，要把心带回到当下。同时，可以进行一些自我暗示：此时此刻，我正在呼吸着、观察着，而我观察的对象是什么呢？正是脑海中生起消失的每一个念头啊。这些念头总是有好有坏，有欢喜有痛苦。如果是带着喜悦、爱、快乐等正向意义的念头，那么就让它持续地存在着。但如果突然生出了不善的、阴性的、负面的心念，那就要及时地控制住它，而不是不敢面对、不敢承认，我们应先直接地面对负面心念，之后将它转向光明、积极的一面。

比如说，当身心平定时，我们觉察到自己的脑海中浮现出带有负面影响的人际关系，此时感受到这种心念、这些画面给自己带来的痛苦，然后就要转换心念，就好比切换频道一般，将自我感受从刚才的心念中带离出来。可以想象一下某个对自己帮助特别大的人，或者与别人交往时的温馨场景。

实在觉得不知道该如何面对负面心念，那么就老老实实地接纳这些负面心念，先接纳它们，再平息它们，也能帮助我们实现身心的净化。

当我们真正发现，人生的很多痛苦都是由于我们深陷在负面心念中无法觉察、无法出离造成的，就会放下对他人的抱怨，进而返回到内心世界；待内心平定下来时，便有智慧慢慢出现；而产生了智慧之后，我们才能对感受和心念有所觉察，并积极地采取行动，而不再是被动地等待被痛苦吞噬。

【智慧心语】

对每一个心念多一些觉察

不要让它们跌落到负面消极的念头里

要面对它们，控制它们

实现身心的净化与生命的转化

打开窗，让生命充满阳光

我们看这世间种种的争斗、战乱、谋害等凶残行为，无非都出自于内心的嗔恨和仇怨。人的嗔恨心太重，生活必然不会太幸福；女人的嗔恨心过重，容貌必然不会太美丽。

嗔恨心重，就会想方设法地对付别人，而不是检视自己的过错，真诚地体谅他人。于是就会滋生出各种争斗、诉讼等事端，既让自己烦恼，也让他人苦恼。况且，你若是残害别人，别人也会来报复你；你想着如何整治别人，别人也会怀着同样的念头。正所谓“冤冤相报何时了”，到头来，人人都是心怀恐惧、愤恨去生活，身心又如何能安乐？

有时候，有些痛苦并不是我们为自己盘算得少，而是由于我们计较得太多，事事都以自我的感受为主，而完全忽视了别人的需求。一旦自己的需要得不到满足，或者被人误解、伤害，内心就会涌起仇恨，在仇恨的牵引下就会做出许多伤人害己的事。

我们总是一厢情愿地以为，无节制、无限度地发泄情绪、发泄仇恨，问题就能得到解决，痛苦就能得到缓解。但是，嗔恨的心念和粗暴的行为不仅无法解决问题、缓解痛苦，更会把我们变成一个不优雅也不优美的丑女人。

优雅又优美的女人，必然首先是个内心充满芬芳和阳光的女人，也必然是个身心柔软、不易生病的女人。她们不是没有经历过苦痛，没有生起过烦恼，而是有一种“使痛苦变得不是痛苦”的能力。

正如渡边和子在回忆往昔时，讲到一位生养了先天残疾孩子的母亲。这位母亲不是没有心痛过，她看到别人的孩子成长得健康活泼，也曾为自己的生活伤心落泪。但她从来不在孩子面前抱怨，也不会把怨气发泄到别人身上。她承受着痛苦，却也努力减轻那痛苦，最重要的是，她没有把痛苦转嫁给他人，没有因为自己生命中出现的障碍而对这世界充满仇恨。既然有些痛苦的事情不可逆转、无法改变，那就选择一种面对痛苦时的心态和姿态吧。

这让我想起了一位女作家——郑念。她的前半生，不可谓不痛苦、不坎坷、不波折，但我们看到郑念晚年时的照片，却不得不为她的优雅知性抱以敬意。“无论刮风下雨，像一朵盛开的鲜花一样，站稳就好。”渡边和子所认为的知性又雅性的女子，就应该有这样的内心力量。

一个身心健康的女人，首要的就是不能有太重的嗔恨心。诚然，这个世间总会有些人、有些事伤害到我们，但我们却可以有许多种选择，而带着嗔恨去面对、解决，则是最缺少智慧的做法。

我们都希望做一个不生病的女人，而这个“病”首先就是心病。心理出问题了，病苦必然会在身体层面上反映出来。不信就看我们身边那些嗔恨心特别重的女性，即便穿得再时髦、打扮得再漂亮，也依然难以让人产生良好的感觉，而这类女性自己也活得特别痛苦，烦恼不断。内心的病不祛除，身体上的病痛又如何能得到治疗？现今的医疗手段即便再怎么先进，也只是能够帮助我们减轻身体的病痛，而内心的痛苦则非得靠着调治心灵状态才能得到解决。

【智慧心语】

心中充满仇恨是一种病

心理的病根不拔除

身体上的痛苦必然会持续

打开心灵的窗子

让阳光射进我们的生活

带着满心的芬芳

去化解我们生活中的重重障碍

把身心调理到平衡状态

被嗔恨心搅扰的人，自然是有万般痛苦难以言说，在做出一些伤害他人的事情后，这嗔恨心并不能消除，反而如同烈火，越燃越烈。此时，人就处于非常严重的身心失衡状态，这种身心失衡的状态也是一种病态。

伤害他人的行为，是在嗔恨心的支配下做出的，而平日里对自己不良心念的放任，则直接导致嗔恨心不断地膨胀，最后成为伤人伤己的根源。

但值得庆幸的是，那些阴暗负面的念头都可以通过自我净化被瓦解掉。自我净化的过程，也可以看作是将身心调理到平衡状态的过程。

M女士的性格相当火爆，而且经常因为一点小事就怨恨别人，这已经成为她的一种习惯了，似乎每天如果不怨恨谁、不发脾气，她就觉得缺少点什么。时间长了，M女士的身体状况出现了严重问题，在最近的一次病痛中，她甚至想到结束自己的生命，因为她觉得看不到重获健康的希望。

"我心口疼得厉害，就连呼吸都觉得特别消耗体力。"即便她的身体情况已经到了这种地步，也依然没有修正心念，每天躺在病床上，嘴里说出的依然是各种抱怨和恶毒的话。

可见，她不是一个热爱生活的人。虽然她总是买来大牌商品犒赏自己，可她却吝于对自己的身心健康投入关注，更谈不上自觉地进行内在调整以实现身心状态的和谐、健康。

追求健康的身心需要通过不断地调和才能获得，这可不是闭上眼睛随便想想就能实现的。调和身心的方法多种多样，我们可以选择一些更为简单平易的方法来平衡身心。

比如，当我们希望改善自己暴躁易怒的情绪，就可以通过调整呼吸、进行冥想来调和身心、平息暴躁。

吸气时，想象着眼前是一片广阔无限的海洋，呼气时则想象体内的焦躁随废气排出体外。随着呼吸的深入，身边的海洋跃动着蓝色的波浪，这蓝色的空间不断扩展，个体生命在这片蓝色中无限延伸。着重感受心脏部位，想象心口有一个小圆点，逐渐地，这小圆点化作一个旋转的风团。风团在旋转着，心灵的空间也在不断变得开放起来。海水从心口涌入体内，沿着身体脉络流遍全身，每一次呼吸，都暗示自己身心在变得清凉，清凉之后，便是无限的安宁平静。

此外，还可以想象一下蓝色的天空。它在头顶向两端延展，就好比每一个生命个体都能拥有的无限可能的未来。当然，还可以想象蓝天在头上扩展，而双脚扎根在大地，既能源源不断地吸收大地的养分，同时又能无限地展开生命空间。

在色彩能量学中认为，蓝色对应的就是平和宁静的能量，因此当我们内心烦躁、生起怒火时，就可以观想蓝色，这样能够起到平稳身心、舒缓神经的效用。

当然，若要把失衡的身心调整到平衡的状态，我们不能怕麻烦。对治习气、调和身心，原本就是需要恒久坚持的事情，而不能指望着轻轻松松、毫不费力地就能达成。

再说了，如果觉得时刻都觉察自己的身心状态、对治内心的嗔恨是件很麻烦的事情，那么一旦身心病痛生起，彻底治疗疾病恢复健康，将更为麻烦。聪明的女人都知道，不断地校正自己、调和身心，这才是保持健康、快乐生活的王道。

【智慧心语】

将身心调整到平衡状态

放下嗔恨，放下抱怨和恼火

做一个身心柔软的女人

心慈柔，身体才能处于健康舒适的状态

第六课
让行住坐卧皆成修心

铃木大拙说："禅，是让我们从另一个角度看生命，去肯定生命，从身心失衡的状态中走出来。"因为每个人都拥有十分强大的精神力量，但如果这种精神力量经常处于激烈爆发的状态，比如生活里经常见到的争吵和发怒，那么我们的心灵就会失去平衡，我们就会患上身心疾病。

在自性中观察病痛

在前面我们说过，疾病的根源是身心的不协调，而某一种病痛可能正是由于某个情绪引起的。对待疾病，与其感到绝望无助，倒不如报以正面的看法。在自性中观察疾病，既是一种减轻痛苦的方法，也促使我们换一个角度去看待生命，从悲观抑郁的状态中走出来。

日本佛教学者铃木大拙说过："禅，是让我们从另一个角度看生命，去肯定生命，从身心失衡的状态中走出来。"每个人都拥有十分强大的精神力量，但如果这种精神力量经常处于极端激烈的状态中，比如强烈的暴怒、争吵、怨恨等，那么我们的心灵就会失去平衡，患上种种身心疾病便成为最终结果。

所以，当我们生病时不妨把这当成观察病痛的一次机会。只有被病痛折磨时，我们才会强烈地期待身心健康的日子。在身体无疾病的那些日子，我们并没有格外地珍惜健康，反而因为得不到或已失去的事物而焦躁、伤感，要么就是把心思浪费在那么多与生命的本质无关的事情上。

耶鲁大学医学院外科学及医学伦理学教授舍温·努兰在《死亡的脸》一书中揭示，如果我们对死亡具有足够的了解，那么就不会畏惧死亡；如果我们能够明白自己终有一死，那么就能在当下的生命里寻找到意义。

同样的道理，如果我们在生病时，把身心承受的痛苦当作观察过往生命历程的契机，那么我们也就不会陷入对于疾病的巨大恐惧中。

当恐惧消散，我们终于肯正视疾病时，就会发现，其实有很多病痛是我们自己带给自己的。比如，那种非常强烈的身心分裂的状态，即我们碍于情面，嘴上说着“没关系，这事都过去了”，而内心的念头却完全与之相反。这样的身心分裂状态，在我们的一生中无数次地发生，而我们却忽略了，这才是引发某些疾病的一个原因。

要观察病痛，就需要先沉静下来、平定下来。平日里，我们活得太着急也太浮躁了。我们无暇顾及自己的心念和情绪，反而把精力投入到一些对于改善生命状态完全没有帮助的事情上。

活在世上的女人，没有哪个不希望自己容貌美丽、青春永驻，于是大家纷纷把目光集中于外在的养护上。而对于内部世界的觉察、思考和净化，却仿佛成为多余的事。

对病痛的观察就像是对内心世界进行探寻，因为我们要挖出造成疾病的内在原因；而对内心世界的探寻，其实更像是一场冒险。

在这场冒险的征途中，我们将会体验到许多奇妙的感觉。从无助空虚到充实强大，从自暴自弃到自信自立，从恐惧忧虑到充满希望。心灵的成长，是伴随我们一生的过程。因为没有哪个人的一生中能够避开冲突、困难、挫折、困境，这些都是人生中的障碍，并且随时都会出现。要克服它们，不仅需要坚强的心灵，更需要对人生进行智慧的观察，而要获得智慧，就不能采取躲避困难的态度。要让身心状态更为调和平衡，我们也不能畏惧疾病、躲避疾病。

再回顾一下我们的日常生活，我们可曾给自己留出了观察内在的时间？并没有！只有当我们生病时，才肯慢下来、静下来，给自己一些时间去面对生命，面对生命中的痛苦和障碍。

如此想来，当生病时去观察病痛、感受病痛，也是一种调治身心的手段。

【智慧心语】

当病痛生起时

抱以正向的态度来面对

把这当作重新认识生命的契机

让自己直面疾病

便是医治疾病的开端

长得漂亮，更要活得漂亮

对于女性来说，有一个健康的身体、美丽的容貌，真是莫大的幸福。为了让自己变得更健康、更美丽，许多女性朋友把汗水挥洒在健身房或者户外阳光下。长得漂亮很难得，活得漂亮更是一种能力，并且这种能力更多地与内心状态相关。

女人越是关注心性，对于内在世界投入的觉察越多，让自己向着美好端严的生命状态转变的机会便也越大，便越是活得高级。这种高级更多地表现在身心调和方面，但身心调和得好，整个人的生命状态好，何愁自己的现实人生得不到提高呢?

我认识一位在职场上敢想敢闯的“拼命女郎”。曾经她的生活里基本只有工作，每天投入心思最多的也是工作。她从来不是物质女郎，她这样拼命只是为了实现自己的人生理想。可就在前年，这位“拼命女郎”因为颈椎问题不得不进行调理，她这才暂时放下工作。她的合伙人半开玩笑地说:

“她如果再这样玩命，我们就只能在休养院里看见她了。”

长期不注重锻炼，不注意饮食的营养均衡，不懂得如何给自己减压、排解，睡眠从来都不充足……这便是“拼命女郎”以往的生活写照。

但最损伤身心的在于长久以来对内在问题的忽视。比如，消极的情绪得不到清理、紧张焦虑的状态无法缓解、身心失调得不到及时修整。

原本以为钱能买来最舒适的生活，到最后却要靠着药物来维持身体的健康，虽然身体机能逐渐恢复，可内心问题却始终存在，并且时刻影响着身体的健康状态。

“拼命女郎”不住地感慨：早知道现在这样，还不如最初就关注身心健康，积极地解决内心问题。“失去了身心健康，也就等同于失去了有品质的生活。”她在回复朋友们的问候时这样说过。

每天敷面膜、做 SPA（一种保健方式）、运动健身，虽说也能够给我们带来生活品质的提升，但这种提升毕竟有限。而对心性的调节和修整，则能够给我们带来生命状态的真正转变。

身为女人，心思比男人更细腻，相对来说，体质也比较柔弱，所以也就更容易产生各种情绪并在负面情绪的影响下罹患疾病。传统中医学的理论认为，怨、恨、恼、怒、烦这五种烦恼情绪是产生疾病的根源，而现代瑜伽创始人、印度冥想大师艾扬格认为，如果不能集中精神，对心念和情绪进行约束和正确的引导，那么这些产生烦恼的情绪，就会成为人们提升生命状态的绳索。

由此可见，养护心灵要比养护皮肤更重要，活得漂亮比长得漂亮更高级，因为活得漂亮属于更高段位的能力。

如果只是护理肌肤，那么通过一些现代美容手段就可以较为轻松地做到。可是要养护心灵，唯有自觉地进行调理和对治，而这条调心之路要坚持走下去，真的需要恒心和毅力。那些始终在修心、治心、疗心之路上精进的女人们，最终都活得很漂亮，她们的生命状态也很美好。

刚才提到过的那位“拼命女郎”，她在遵照医生的要求调理身体的同时，通过收听轻音乐来舒缓压力，并且还成为瑜伽冥想的爱好者。现在她的身心状况已经有了明显好转，每天通过瑜伽冥想来放松身心，使内在保持在平和喜悦的状态中，她也越来越深刻地感受到，工作是为了让我们生活得更充实，而为了工作牺牲身心健康的做法实在太不明智了。

【智慧心语】

直到被疾病的痛苦吞噬时

才想到调整身心有多重要

这岂不是太迟

养护心灵是女人的必修课

莫要等到病痛缠身时

才后悔未曾自觉地疗愈身心

在大地上坚实地行走

若想不摔跟头，就要在大地上脚步安稳坚实地行走；若想身心健康、平和安乐，就要老老实实地调治、修整内心。这不仅能够给我们带来身心的安定祥和，更能获得一个幸福美好的人生。

作为女性，无不希望自己身心健康、容貌美丽、聪明智慧，家庭中一切眷属都能和乐，工作上能够有一番作为，既有丰裕的物质生活，同时精神生活也非常丰富。在这一生中，没有太大的波折，亲友眷属常在身边，所有美好的心愿皆能有所成就。

可是，再美好的心愿也要有一个健康的身体才能实现。当身心稍有不调和，疾病就产生了。不论是生理上的病，还是心理上的病，不论病痛的程度是重是轻，只要是病，就需要调治，因为世上无人愿意承受这种痛苦。身体就是我们实现人生理想的支撑，就好比要在大地上坚实地行走，就必须先把脚步迈稳一样。

如果有些病痛苦难是我们必须要承受的，也不要因为自己身心痛苦而憎恶世界、仇恨他人。人生中越是有困苦出现，我们越是要坚实地对治身心上的问题。身体生病了，我们需要通过吃药打针，甚至进行手术以期能够治疗疾病、恢复健康。我们的整个生命如果“生病”（比如内心的种种阴暗念头不断出现，负面的情绪得不到控制），那么，我们就要靠着坚实的内观自省来治愈我们的心灵。

在当下，身体上出现的病痛是由过去的一些不良生活习惯或其他原因导致的，虽说要在短时间内彻底治愈身心并非易事，但只要有意识地调整内心状态，不再对内心问题采取无视的态度，就等于为自己开启了疗愈生命苦痛的大门。

障碍的出现，并不一定是坏事。就好比，只有我们生病又恢复健康之后，我们才会加倍地珍惜健康的体魄。如果我们的人生从来没有出现过痛苦和障碍，可能我们还天真地以为来到人间的目的只是吃喝玩乐。而事实上，我们来到这个世间所经历的一切，都是为了使自己的身心不断调和，都是为了让自己的生命状态得到提升。

不要因为怕苦而躲避苦，因为我们根本无法躲避；也不要因为贪恋快乐而过度追求快乐，因为我们过于执着反而追求不到真正的快乐。只要一想到，不论痛苦还是快乐，都有它们存在的原因和条件，我们就应该坦然接受。正如同不论健康还是疾病，都自有其发生的原因，一味地憎恶病痛并不是治愈疾病的办法，而为了保持身体健康就拼命吃营养保健品，也并非是维持健康的正确方法。

真正健康快乐的生活，不仅要维持工作与生活的平衡，还要注重快速发展的社会与个人内心世界之间的平衡。即保持“自然之道”，身体疲劳了就让它休息，内心堆积的情绪太多了就让它释放，该吃饭就放下工作安心吃饭。身体发出什么信号，我们就认真对待；内心出现什么情绪，我们就坦然接纳。

随着人们对身心健康理念越来越重视，在职场上打拼的职业女性也越来越关注内在的整合与调理。比如，现在非常流行的“职场彩虹族”便是以找到生活中的最佳平衡点为前提，来维持身心平衡、避免病痛产生。

空中的彩虹那么绚丽夺目，是因为这七种色彩处于比较平衡的状态。作为职场女性，我们要做的可不是羡慕那空中的彩虹，而是要像彩虹一样，平衡好工作与生活、物质与精神的关系。

若要在大地上坚实地行走，就不能走得太着急。若要保持着身心的美好状态，就不能不注重心灵层面的建设。

【智慧心语】

人需要踏实地生活

需要调治身心状态

只有一心走路才不会跌倒

只有正视心灵问题

才能化解压力与烦恼

过一种绿色生活

近年来，以低碳环保又有益身心为主要内容的“绿色生活”得到越来越多女性朋友的肯定。其实，这种绿色生活的理念非常契合现代心理学所提倡的生活方式：重视现实生活中的和乐美满，实现身心的调和，既照顾到个体生命的愉快，也对身边人给予正向影响。

绿色生活旨在唤起人们对内心的关注，当然，这并不等于说要我们抛弃现实的物质生活，而是实现物质生活与精神生活的同步丰富，在享用物质资粮时也不忘记审视自心，从而促进身心协调。同时，绿色生活也侧重于倡导人与大自然以及其他生命的和谐共处，定期茹素、接受自然疗愈、通过光能净化身心等，都属于绿色生活方式。

生活中的一切，皆能帮助我们调和身心、促进健康。因为人们的疾病各不相同，所以，治疗身心的方法也自然千差万别。瑜伽可以调养身心，有氧运动能够强身健体，静坐冥想有助于减轻压力……如果我们足够留意，那么就会发现，越是简便化并且贴合大众现实生活的疗愈方法，就越是容易被大众接受。

比如，每到寒冬季节就出现情绪低落、心情抑郁的女性朋友，可以考虑靠着大自然中的光能来保持身心的光明健康。

根据心理学家的研究，由于冬季气温明显降低且日照少，女性极易因此导致生物节律紊乱和内分泌失调，造成情绪失控、精神状态紊乱等一系列“心理感冒”的症状。

经常进行户外运动，就相当于是延长了接受光照的时间，这将有效地增加甲状腺素和肾上腺素，进而调节生理节律紊乱和内分泌失调，保持脑内5-羟色胺（又称血清素，是中枢神经系统的传递物质）的稳定。所以，选择一个阳光充足的好天气来进行户外运动，不仅能增强体质，还能最大限度地吸收光照，靠着光能的作用医治“心理感冒”，防治季节性的抑郁症发作。

当然，这只是一个提议，毕竟每位女性的情况都不尽相同，大家尽可以根据自己的实际情况来寻找适合自己的调养身心的方法。

虽然“绿色生活”主要关注的是节能环保，但是，当我们选择了绿色生活之后，就会从一个消费主义者转变成“心灵的疗愈者”，过一种简单而节制的生活。不再对外境产生种种强烈的渴求和依赖，不再因为欲望过多而失控，不再追逐过多的物质享乐。我们开始沉静下来，不再浮躁，不再匆忙，而是尝试着把心思用在内在世界的改变上、用在身心调和的转变上。

联合国世界卫生组织曾对健康下过一个定义：健康不仅是指身体没有疾病，而且还包括躯体的健康、心理的健康、社会适应能力良好以及道德的健康。

身体上的病，根源在于心灵；如果我们每天忙碌得连自己的心灵都无法照顾，那么买了再多的化妆品也无法得到一张透露着慈柔静美的脸。过一种绿色的生活，其实可以让我们在清简自心的同时也检视自心。心快乐，心慈柔，心清简，女人看起来才美丽，身体才能更健康。

【智慧心语】

过一种简单节制的生活
把目光引导至内心世界来
检视内心的每一种情绪和感受
反省当下涌起的每一个心念
生活简单些，内心柔软些
妄想少一些，欲望清除些

观察呼吸，从此刻开始

美国麻省理工学院压力管理中心的卡巴金在 1980—1990 年，对重病症患者进行正念治疗方法。他发现，一些进行化疗的病人在接受治疗的同时，如果还进行正念减压疗法，那么对患者会起到非常重要的帮助。

即便我们并不理解正念对心理健康的影响作用，但我们在生活中也有切身体会：一旦心念平定下来，内心的烦恼也就减少了，之后就会产生安宁和乐的身心感受。当我们带着安静平定的心，带着自己的觉知来面对生活，那么生活中的烦恼、障碍、困境等诸种问题似乎在当下就不成问题了。

但是，许多时候，我们都是带着心中的那些消极念头和情绪来面对生活中的一切，这样就很容易产生烦恼痛苦，最终，心理上会出现病症，心理问题没有得到及时解决，进而又影响到身体上的健康。

在平时，我们的意念总是分散的，在这种状态下，我们很难全身心地投入到当下的生命体验中，而每一个缺失生命体验的当下，都会将我们带入到更多的迷茫之中。当我们心念分散时，我们是没有机会对生活进行创造的，并且还很很容易跌落到自我设想出的烦恼之中。所以，我们可以借助于观察自己的呼吸来平息那些如波涛般起伏的念头。

对于生命个体来说，呼吸何其重要！对于每一个身体健康的人来说，能够进行正常的呼吸，这简直再平常不过。但是，对于那些身患重病、危在旦夕的人来说，生命只在这呼吸之间游移着。

有个很著名的故事，就是与呼吸有关的。

一位智者问众多弟子：你们是如何理解生命的？

弟子们纷纷发表自己对生命的见解，只有一个人的回答最契合这位智者的心意。那个弟子说：“生命就在一呼一吸之间。”

我们之所以认为呼吸这件事情特别简单、平常，是因为我们的身体还算健康，即便偶有不适，却并不会导致呼吸困难。而一旦我们连呼吸都成为了一件难事时，那就说明我们的身体已经非常虚弱了。也只有到了这时候，我们才会想着要快快地恢复健康，也才愿意老老实实地面对心灵问题，并着手调治。

所以，每天给自己一些时间去观察呼吸，实际上正是要传递给自己一个信息：生命脆弱，就在一呼一吸之间；观察呼吸，也是在警醒自己，快快地老实调治自己的心灵问题吧，莫要等到生命走到最后一刻，或者被病痛折磨得奄奄一息时才意识到调治心灵的重要性。

观察呼吸，就从当下这一刻开始。

【智慧心语】

把心放在呼吸上
把飘远的思绪拉回到当下
感受呼吸时，便是感知生命
莫要等到呼吸停止的那刻
再悔恨从没有认真地对待过生命

不生病的女人

给女人永葆青春美丽的十六堂健康课

第七课
带着善意面对人生

人的心灵就像一座花园，免不了会长出杂草来，而我们要做的，就是拔掉杂草，种下花朵，带着善意面对生活，待心灵花园里开出最美的鲜花。

在我们的生命里，总是有风有雨有阳光有彩虹，关键就在于我们是要一直紧抓着不快乐的事情不放手，还是张开双臂拥抱整个生活。

尽量接受生活中的不愉快

在美国新泽西州的小镇莫里斯顿，住着迈克和杰西卡这两个好朋友。每天，他们都要一起上学，放学后就一起玩耍。在这无忧无虑的童年时光里，杰西卡就像个小天使一样给性格沉闷的迈克带来了很多快乐。

但是，迈克渐渐地发现，杰西卡不管走到哪里都很惹人喜爱，即便是来到一个陌生的环境里，笑容满面的杰西卡总能在最短的时间内结交到朋友。

其中一定有什么秘密吧，不然，杰西卡就真的是来到人间的天使。迈克想着心里的疑问，却又实在找不到答案，只得向查理叔叔请教。

查理叔叔留着一丛络腮胡子，笑起来声音很大，可目光却十分温和。他说：“杰西卡一定有一个幸福的家庭，特别是，她肯定有一位了不起的妈妈。”

迈克细细地回想着他去杰西卡家参加家庭派对的事。杰西卡的妈妈穿着一件款式简单的裙子，那裙子的样式虽然有些过时，可是非常干净，也非常合体，尤其是杰西卡妈妈脸上那浓浓的笑意，让每一个在场的人都能感受到她发自内心的火热和真诚。

是的，杰西卡的脸上就经常洋溢着这样的笑。迈克清楚地记得，有一个下雨天，杰西卡并没有带雨伞，当他用自己的伞为杰西卡撑出一方晴空时，杰西卡笑着说“谢谢”。那笑容里没有敷衍，也没有客套，而是发自内心的感谢。

还有一次，学校里举办画展，有一位小朋友的画作得到了大家的一致称赞，甚至校方表示要用这幅作品代表学校去参加一场规模较大的展览。迈克对杰西卡说：“我总觉得，你画的乡村风光似乎更好一些呢！”

杰西卡耸耸肩：“哦，迈克，我敢说这是我目前为止最用心的一幅画作，但很显然，它确实不如拿了第一名的那幅作品更吸引人。”迈克问，难道你就不觉得遗憾吗？

杰西卡露出很难过的表情，以表示她内心的失落和郁闷。但她又说：“不过，我依然为那个绘画水平超级棒的小朋友喝彩，她画得那么好，为什么不给她多一些的掌声呢？”

迈克发现，杰西卡是一个带着善意面对生活的人。这一点，杰西卡和她的妈妈可真像啊！

杰西卡的爸爸身体情况并不乐观，但每次迈克的父母与杰西卡一家聊天时，他们听到的并不是杰西卡妈妈的抱怨，而是：“真是感恩，杰西卡她爸爸这胃疼的毛病比之前减轻了许多。”或者是，“哦，感谢上帝，我们的杰西卡一直很努力地读书，她很爱我们，也很爱她的朋友们，她真是个天使啊！”

是的，杰西卡就是个天使！因为她从来不抱怨生活对她有所亏欠，而是带来十足的善意来看待生活中的麻烦，就像她的妈妈一样。

杰西卡的妈妈经常说，人的心灵就像一座花园，免不了会长出杂草来，而我们要做的，就是拔掉杂草，种下花朵，带着善意面对生活，待心灵花园里开出最美的鲜花。

“宝贝，你不该因为没能在绘画比赛上拿到名次而伤感，绘画带给我们的最大快乐，不就是尽情地描绘我们心目中的世界吗？”杰西卡的妈妈就是这样安慰她的。

“你看，刚才雨下得那么大，现在雨停了，彩虹露出了笑脸，这真是个幸福的时刻啊！”其实杰西卡的妈妈由于刚才一时疏忽，跌倒在地上，沾了满身的泥水。可她对杰西卡讲话时，脸上的笑容却灿烂无比。

从来没人认为杰西卡是个漂亮夺目的女孩，她身材微胖，还长着一张肉肉的圆脸，脸颊上洒着星星点点的雀斑。

可是，每一个接触过她的人，都认为她是个值得被人爱、被人喜欢，也值得拥有好运气的女孩儿。

下雨时，其他的小孩子在抱怨没法到院子里玩耍了，可杰西卡说“院子里的花花草草淋雨之后就会很快地长起来呢”；太阳暴晒时，迈克他们都热得呼哧带喘，而杰西卡说“妈妈曾经讲过，多晒太阳会让人变得更强壮”。

杰西卡也曾懵懵懂懂地问过妈妈：“难道你就从来没有过伤心沮丧的时候吗?”

“哦，宝贝，谁都会经历伤心沮丧的时刻，但是，我们的生命里并不只有这些啊，我们还有善意和快乐可以分享，对不对?”

杰西卡笑了，露出一排洁白的小牙齿，她在心里说：我的妈妈真像个天使啊!

正如大胡子查理叔叔说的那样，杰西卡有一个好妈妈。或许，依照她目前的收入水平无法为杰西卡买来时下最流行的裙子，或者带她去国外旅行。但是，杰西卡的妈妈却赠送给了她世间最珍贵的礼物，那就是关于那座心灵花园的哲理。

在我们的生命里，总是有风有雨有阳光有彩虹，关键就在于我们是要一直紧抓着不快乐的事情不放手，还是张开双臂拥抱整个生活。

我们内心的花园里，总会生长出不同的花花草草。有些清香四溢，让我们感受到生活的美好；有些则带着恶臭，很轻易地就能把我们拖入沮丧绝望的深渊里。当我们带着善意的目光审视生活、带着善意的心看待生活，那清香四溢的花朵就会越长越美丽，渐渐地就会让我们整个人都变得神清气爽。

就像杰西卡和她的妈妈那样。即便生活里遭遇到的小麻烦不断，可依然热气腾腾地活着，永远带着善意的心、感恩的心去面对这个世界。

那么，你的心灵花园有多久没有整理了呢？那些不够美好的心念有没有及时地清理掉呢？而那些芬芳美好的念头，你有没有为它们“施肥”，让它们继续生长呢？

【智慧心语】

若要生活充满芬芳
那就先从内心滋长出花香
若要身心平和，幸福安乐
就不要做那动辄抱怨的人
给美好的念头施肥浇水
让它们滋养出真正的幸福人生

换个角度看待人生

不论是身体健康的人，还是患有疾病的人，除了医药饮食等物质需求之外，还需要精神关怀以及心灵上的支撑。就像一位资深的心理咨询师说的那样，除了为病人提供物质层面的帮助，更应当注重病人心灵层面的需求。在很多时候，人们身体上的疼痛比较难忍受，这就需要在精神上、心灵上获得强有力的支撑和安慰。

所以，当我们身边有亲友患了重病，我们在给予物质方面帮助的同时，还可以给予亲友正面的、积极的暗示，帮助他们树立起乐观的心态。在照顾病人时，看到他们表现出的恐惧、焦虑，我们的内心也是很酸楚的。既然身体上的病痛无法代替病人去承受，那么我们可以给他们的心灵以鼓励和支撑。

“你一定会好起来！”

“打起精神来，我们一起击退病魔！”

“不要怕！我们会一直陪伴着你，给你更多的温暖和鼓励!”

这些话看似寻常，但对于病痛中的人来说，就好比是温暖心灵的春风。这些鼓励的话语，在给患者带来生命的力量的同时，也让人们从另一个角度观察人生。

当我们身体健康时，总是将大把的时间投入到工作和娱乐上。这并不是说工作、娱乐等不值得我们关注，而是我们对心灵层面的关注度实在太少。心情不好时，我们把烦恼的原因推给外界，为了让自己快乐起来，就尽自己所能地满足各种欲望。可是即便如此，我们的心中依然存在着一个地方，那里装满了烦恼以及各种消极的思想。平日里，我们总是对这些心灵问题视而不见，突然在某一天，身体的某个部位出现问题，健康状况非常不乐观，我们却依然没有采取措施修整内在世界。

人只有在生病时才有机会审视自己的身心问题，从各种角度思考自己的人生，认真对待生命。如果此时有人发自真心地安慰我们、鼓励我们，让我们重新感受到生命的力量，让我们感受到还有许多人关爱我们，那么我们就会生起强烈的自我疗愈的意识，希望能够将生命延续下去。

对于女性朋友来说，我们体验到的病痛实在很多。不论是每个月的生理期疼痛，还是分娩时的疼痛，以及身心上的诸多不适，我们都只能独自承受。我们不需要期盼着旁人理解自己的病痛，也不需要渴求有人能够在自己处于人生低潮期时给予安慰。凡事都无须向外界索求，这样，我们就不会产生怨怼、愤恨的情绪。

因为我们完全可以自己给自己一种强有力的支撑。毕竟，不是所有的人都能温柔细腻地给予我们精神上的安慰，而女人的内心就如一片土地，自己播种下什么，就会收获到什么。有智慧的女性不会向外界过度地索求。因为，一切力量都在自心之中了。

曾经有位朋友在刚刚做了母亲之后就与伴侣生了闷气。她觉得伴侣非常不体贴自己，因此产生了极大的怨气。后来她对人生有了新的看法，也算是换了个角度看待问题。她说："如果别人能够给我们以安慰、关怀、鼓励那自然是好，可一旦过度索求别人的关注，就说明我们还不是真的爱自己，而是向别人索求爱，那么自然就会很失落、很苦恼。"然后我问她："假如面对生病的亲友，你会给予他关怀和鼓励吗?"

这位朋友思考了一下，她说："会的。我不向别人索求安慰，是因为我内心就有旺盛的生命力，所以我才能对患病的亲友给予温暖和安慰。"

当我们能够带着觉知，看到内心的感受、念头，自然就知道自己的需求，如果自己能够提供给自己，那么又何必去索求呢？一个正向积极的心念就能帮助自己平静下来，在平静之后又会产生喜悦。内心越是平静喜悦，我们对外界的索求也就越少。

这个世上没有那么多的“感同身受”，别人不能理解我们身心上的痛苦，这很正常。所以，女性朋友们，当你对伴侣说“这个月生理期很难受”而对方只是说着让你“多喝热水”时，你也不必怨恨，如果自己掌握了祛除病痛、强身健体且能平定心灵的方法，又何必向他人索求关心呢？

实际上，人生中的很多问题也可以从这个角度去思考。如果自己通过对心灵的修整改变了健康状态，那么是否有人给予我们力量和支撑，或许真的不那么重要了。

【智慧心语】

掌握一种自我疗愈的方法

不必向外界索求力量

因为那力量就在自己心中

做一个善于修整身心的女人

做一个远离身心病痛的女人

辨别消极想法，然后解决掉它

要求一个人 24 小时都涌动着对生命的热情、散发着元气满满的正能量，这是非常不现实的。一个人总会生出一些消极、阴暗的想法，这很正常，我们没必要刻意地躲避或者隐藏那些消极想法，而应该在生起落下、纷纭多变的念头里辨别出那些消极想法，然后尽力清除掉它们。

有许多冥想课程都会涉及“如何挖出消极想法并消除它们”的练习。但保持身心清净的最佳方法不是打杀掉那纷纷扰扰的消极想法，而是让内心正念常驻。

有些姑娘总喜欢说“生活需要有些仪式感”。于是，约会需要仪式感，吃饭需要仪式感，分手了更需要仪式感，不能随随便便地开始或结束一段关系。这样“不随便”的态度倒也确实能够让我们更深刻地去体验生活中的各种经历。

其实，为了我们的身心健康考虑，我们也可以在自己的生活之中增添一些对身心有益处的生活仪式。

当心里翻腾起消极的想法时，不妨先静坐下来，凝视一下自己的内心，看看那些念头哪些有益、哪些有害，或许能帮助自己过滤掉一些负面的心念。

一个人的心念若是清净、平和，那么他的血液中也就清净，整个人的气色看起来也是清净的。也就是说，一个人的心念越纯正、清净，那么他的精神状态就越好，身体也就会比较健康，能够给别人一种喜悦、平和的感受。这样的人，不仅自己的生命质量高，并且还能影响到身边的人，营造一个友爱和谐的人际关系。

净化身心的途径还有很多，除了冥想静坐，还可以观察我们的呼吸，尤其是在心烦意乱的时候，这种方法简单又实用。不必刻意地告诉自己“一定要安静下来，一定要保持清净的心念”，因为越是对自己施加这种貌似正向的强力，内心便越是焦虑不安。倒不如只是感受着呼吸从鼻孔里自由出入时的生命状态。不去刻意地压制内心，即便脑海中那些消极阴暗的念头汹涌出现，我们也能毫无压力地面对它们。虽然我们要做一个对自己的心灵建设有要求的女人，但如果从一开始就给自己施加过多的压力，那么这无异于把自己拖入到更深层的焦虑中，这样反而会对身心起到不好的影响。

一个人选择怎样的生活方式，决定了他的身心健康程度能达到什么层次。如果我们真的能够做到在心田里种下善念，随时清除掉消极想法，那么我们的身心状态也会转变得越来越光明、清净。

要判断自己的身心状态是否趋向光明，是否越来越健康，就看自己心内的消极想法是不是越来越少，清净美善的想法是不是越来越多，对人对事是不是越来越包容。如果我们真的做到了这一点，又何必要为日后的健康问题而忧心忡忡呢?

【智慧心语】

心病总是身病的原因
消极想法最易引发心病
让心念更清净、更光明
身体便如琉璃一般无瑕
让心念更平和、更慈悲
便远离疾病，远离痛苦

为自己造一座心灵的花园

一个女人美不美，幸福不幸福，是不是真的具有智慧，是不是身心状态很健康，这些都无法靠着化妆品、名牌衣服和时尚的穿戴装扮出来。通常来说，你的心灵状态怎样，你活出来的感觉就是怎样。

只有心灵花园里真的充满芳香，我们才能散发出强烈的人格魅力；只有先在内心培植出善意和慈悲，我们才能活出雅性、知性。

我们不妨看看身边那些心怀善意与慈柔的女人，她们不论走到哪里，都能营造出一个和谐的人际关系，获得人们的喜爱。因为她们时时刻刻都关注心灵的建设，让自己处于清净美好的状态中，所以，生活中的困境和障碍并不能够成为她们的痛苦。反观那些并不注重心灵层面问题的女人，即便过着锦衣玉食的生活，也不一定能够感受到人生的幸福。

日本畅销书作家渡边和子女士说，那些充满知性、雅性以及安稳性的女子，最是招人喜欢。这样的女子带有一颗温暖且柔软的心，既能给身边人带去美好与温情，同时也带着感恩的心接纳他人的赞美和好意。雅性的女子，心中有温暖、有光芒，更有对世界、对生活以及对自己的爱。

内心清净智慧的女子对于外界没有那么强烈的依赖心，也就不会因为自己对他人的期望落空而心怀怨恨。她们适度地依靠爱人，但并不会把自己幸福生活的决定权全部交托给对方。因为在她们看来，纵然脸上挂着从容温和的笑，内心也要坚强而敏锐，自己的人生要靠着自己做主，既能好好地享受亲密关系，同时又能做到自强自立。一旦爱情走了，自己还能有再去爱一个人的能力。

心念纯正明澈，自然能够活出自己的光芒。内心平和安静，烦恼相对就少，身体上的不适与病痛也就不会频繁地出现；即便身体生病，而内心也是光明的，有觉知、有洞见。有了这样的前提，便能够自觉地解决心灵问题，既不会因为疾病的造访而失去对生活的热情，也不因身体出现病痛而悲观沮丧。

现代医学研究已经证实，人的心念对身体健康有着深刻影响。早在 20 世纪 80 年代起，美国麻省理工学院的乔·卡巴金博士倡导的“正念减压疗法”便获得了社会各界人士的肯定。现在，越来越多的人将“正念疗法”纳入到自己的生活必修课中。比如，有些患者在接受治疗的同时，每天都给自己以正向的心念，或者通过其他人的帮助，进入到正向积极的意识状态里。这样一来，便可有效促进身体的恢复。

正念疗法，肯定的是个体生命对自心的调节能力。当个体生命有意识地把注意力维持在正念状态中，便能实现调节情绪、疏通心结的效果。值得注意的是，正念疗法并不是说我们生病时方可采纳，而是在身心状况稍有不适时也可以采用的一种自我疗愈方法。

正念减压疗法的目的，是让我们在尚未患病时就能自觉主动地调整身心状态、修整心灵世界。这就好比我们在修建一座心灵的花园，为了让这座花园散发出芳香，我们必须先播撒花种。如果没有花种，怎么会有花朵盛开？如果没有对我们的心灵世界投以自觉的关注和觉察，那么又何谈保持身心的健康呢？

【智慧心语】

把修整内心世界融入生活中的每个时刻

带着觉知守护好我们的心境

为心灵花园栽种下正念的花

人生的烦恼，多数源自缺少智慧

虽然这话很残忍，但也不得不说，在很多时候，人生中的多数烦恼，都源自我们对问题缺少智慧的觉察。

就拿生病来说，缺少智慧的人认为一个人一旦生病就非常糟糕，没办法做任何事，于是悲观绝望，即便是身体上的病并不严重，经过治疗完全可以恢复健康，可他还是活得悲悲切切的，以至于把小病演变成了大病。可是有智慧的人想到的却是，既然世间一切都在变化之中，那么，人自然有身体健康的时候，也会有病痛缠身的时候。但只要通过治疗、调治，绝大多数的病痛都是可以医治的。内心光明透彻，人自然活得也比较乐观开朗。即便真的是患有重病，在这种正向心念的作用下，说不定还真的能够彻底治愈了身心病痛呢。

再来说说“贪”。世间有三毒，名曰“贪”“嗔”“痴”。英国历史学家阿诺德·约瑟夫·汤因比在《展望21世纪》一书里说过：“贪婪本身就是一个罪恶，他是隐藏于人性内部的动物的一面，人类如果要治理污染，继续生存，那就不但不应该刺激贪欲，还要抑制贪欲。”

贪，是一种心病，最终可能演变成身心上的顽疾。

在这里想给朋友们分享一个案例子。

性格好强的Z姑娘一直以来都朝着一个目标努力，那就是绝对不能比自己身边的朋友差，不论是什么，她都希望自己能够获取得越多越好。如果从工作业绩方面来看，这是个努力又上进的姑娘，但她的心理缺陷也很明显，那就是太贪了。

这种贪体现在对于物质生活的不满足上。为什么那么努力地工作呢？就是为了获得更高的收入啊。实话讲，为了提高生活质量，我们努力工作，赚取更多的薪水，这无可厚非。但凡事皆应有度。看到身边朋友由于其他原因比自己赚取更多薪金，她的贪欲便被刺激出来了。“我也要像某某那样，一个月挣它几万块！”可一旦没有达到这个目标，Z姑娘就非常郁闷，整天生闷气。她总是想要得更多，永远没有满足的时候，不论物质还是情感，都是如此。久而久之，她的脾气变得暴躁，看周围的任何东西都不顺眼，自己的男朋友忍受不了她的脾气，也和她分手了，这更加刺激了她，后来便患了抑郁症，没办法正常地生活了。

很明显，Z姑娘是一个没有限度的人。因贪生妒，因贪患病，因贪失去了爱情，因贪心过度得不到自己想要的一切，进而陷入抑郁的情绪之中。

如果面对自己的欲望能保持清醒，面对外部环境能时刻保持警惕，我们就会活得智慧洒脱，活得清静自在。有了智慧，我们就明白凡事都应该从自身找原因。为什么那么贪婪？为什么会妒忌他人？运用智慧，洞悉本心，那么就可以轻松解决掉那些烦恼痛苦了。

有位朋友说得特别好，她说："智慧的活法，并不是让我们看到世间有多少苦难，而是让我们看到隐藏在苦难和困境背后的本质，从而理智地面对。"就拿保持健康、永葆青春来说，如果我们真的在意身心健康，就会首先留意自己的心念，因为我们知道消极的心念会引发身体问题，若要保持健康，就先从源头抓起。这便是远离疾病的先决因素。能够凡事都从根源上着手，那便是智慧的活法。

【智慧心语】

消极的心念会诱发疾病

而智慧则是清凉的甘露

有了智慧这味药

身心烦恼便可清除

带着智慧面对病痛

疾病反而成为修整身心的契机

第八课
每一天都是生命的新起点

尽管生活中总是充满着不幸、烦恼、痛苦，但这并不妨碍我们努力地绽放生命之花。甚至，在经历过一些困难、障碍和痛苦之后，人们会有一种“突破性”的生命体验。铃木大拙说：“当我们遇到生命本身的问题，不能一味采取被动接受的态度，而要积极地面对，这是一个禅者应该具备的勇气。”

让生活中充满正念

当我们身心平定，正念生起，以自觉的正确的意识对生活进行观察，那么正确的意识就会对我们的言行、生活习惯等产生积极影响，我们的生活方式才能称得上是真正健康的生活方式。

现代人的许多疾病，原本不是免疫力低、身体素质差引起的，而是由于生活习惯不健康导致的。一个人生活习惯的养成，和他的心念密不可分。

一个人的生活习惯对于健康的影响有多大呢？还是以身边事情举例吧，同样是两位正值青春年华的女性朋友，小 Z 每晚的必修功课是静坐和瑜伽，而小 L 则是不醉不归，当然如果喝得太醉那就更不愿意回家了。

小 Z 在练习瑜伽之后，总喜欢静坐片刻，而她本人的气色就非常好，面庞红润有光泽，甚至连购置化妆品的钱都省下了。每当有人问她："小 Z，你的肌肤状态真不错，花在脸上的钱一定不少吧？"小 Z 却觉得好笑：养颜的重点明明就是养心，心安定，不气恼，整个人的气息都会很平定。

然而小 L 却是下班之后必须去酒吧里玩儿一圈。她说白天工作那么辛苦，在外企工作压力那么大，难道就不能放松放松了？可是每次她都玩到深夜回家，甚至累到不想卸妆就睡下，第二天又要匆匆忙忙地起床，为了赶着去上班，很多时候早饭都来不及吃。

小 Z 每天想的是，女人应当选择一种真正健康的方式来爱自己，这应当是一种愉悦身心的生活，而不是花了钱又损伤了身体。除了每天练习瑜伽，周末如果有时间，她还会叫上好友一起跑步。

小 L 却认为，泡吧、唱歌、和朋友大吃大喝才能让自己开心起来。可是酒喝了不少，喝得人头昏脑涨却得不到充足的休息，时间一长，小 L 的健康便亮起了红灯。

在病房里，小 Z 望着面色枯黄、神情倦怠的小 L，心里虽然难受，可毕竟只能劝说几句。谁也无法代替别人来承受病痛。

一个女孩心中想的是用健康的方式安排生活，而她的这个心念又作用于她的日常生活，所以她才能身心调和，极少受到疾病的侵扰。

而另一个女孩放任无度，以为靠着酒精和娱乐就能减轻压力，结果反而是损伤了健康。

生活在现代社会，女孩子与朋友们一起唱歌、聚餐，并没有什么不妥。但如果明知道自己选择的消遣方式有损于健康还偏偏要这么做，那就实在太愚蠢了。

当我们由于身心失调而最终疾病缠身，再昂贵的化妆品也无法让我们变得更漂亮。况且，不端正的心念必然引发种种伤人伤己的行为，最终要承担起这个痛苦结果的，归根结底还是我们自己啊。

【智慧心语】

真正懂得爱护自己的人
总会远离一切不健康的生活方式
外表再漂亮、衣着再光鲜又如何
如果身心不和谐，心念不纯正
病痛迟早会来临

留一些观心的时间

玛丽-弗朗斯·伊里戈扬博士是法国精神分析学家、心理治疗师，她在《冷暴力》一书中说：“人的抵抗力并非无限，它会逐渐消耗，导致心力枯竭。压力累积到一定程度后，调适技巧不再发挥作用，代偿机能就会减退，长期病痛也可能随之而来。”但是，我们往往只有在身心被重重压力折磨得痛苦不堪时才可能想到给自己的心灵松松绑，而在平时，我们几乎不曾给自己留出解决心灵问题的时间，因为我们极少关注自己的内心世界。

曾经问过一位因为长期承受压力而引发慢性病的朋友，她平时都在忙什么，以致都不肯让自己的心灵透口气。她只是说，看身边的人都在忙着做各自的事情，如果自己太闲，就会显得很没用。她一直认为，人为了事业忙碌这并没有错。但是，工作再怎么繁忙，抽出时间观察一下自己的内心世界，及时地发现心灵问题，这也没有错啊！

每天进餐，我们应该选取干净食物，摄取对健康有益的食物；对于身体，我们也应该经常清洁，做好个人卫生。但最重要的是，我们的内心应当时时进行省察，观察到那些积极的想法和消极的想法，看清楚那些美好的心念和污浊的心念。

现在，我们不妨停下手中的事情，观察一下自己的这颗心。如果把这颗心比作土壤，那么现在我们都观察一下，从自己心灵的土壤里长出来的究竟是花朵还是毒草？没有生病时，我们想的是如何享受生活，怎样赚取更多的薪水，积累更多的财富。或者，想着丰富多彩的娱乐活动。

我们心头那满满的都是对自己的打算，怎么对自己有利就怎么干，怎样活着能让自己高兴就怎么生活。我们看不到其他人的需求，每时每刻想到的只有自己。自己的感受最重要，自己的想法最正确。自己为了获得好处，什么事情都敢做。假如我们观察到自己的意识里只有大大的自我，那么就不难理解，为何我们经常会感觉到痛苦和烦恼了。以自我为中心的生活方式和思考方式，正是痛苦的根源！

每天看似很忙碌，其实很多忙碌都是为了自己。可是在生病之后呢？我们不得不停下急匆匆的脚步，从忙碌的状态中抽离出来。生病之后，我们心中想的又是什么呢？那自然是希望身体尽快恢复健康。

但我们平时并没有做出对身心健康有益的事情，平时也没有坚持什么良好的生活习惯，凭什么巴望着病魔快速退去呢？

你看，当我们仔细地观察自己的心、省察自己的心念时，诸种问题便都看清楚了。为什么平时自己人缘不好？为什么自己总是交不到良师益友？为什么总是烦恼重重、痛苦不断？我们不能把所有的烦恼痛苦都转嫁到外部事物上，而应该时常地看看自己的那颗心，观察一下每时每刻都出现怎样的心念。

当我们觉察到自己的心念，就知道如何疗愈自己的身心了。观察到不好的念头，能够想到它们给身体健康带来的危害，那么就能想办法对治这些不好的念头；观察到压力过重，身心不堪重负，就会自觉地寻找适合自己的减压方法，及时调整身心，避免由于压力过重而造成身心疾病。等到身心健康出现问题之后再着手解决，虽说也有恢复健康的可能，可为什么一定要等到失去了健康才开始重视健康呢？

还是在平时就给自己留出“观心”的时间吧。身体需要定期做检查，可我们的心灵同样也需要啊。观察心灵世界，发现内心问题，那便是给自己的内心做检查，便等于是及时清理祸害心灵健康的毒素！

【智慧心语】

给自己一些观心的时间

不要被嬉笑玩乐消磨了生命

看看心中的每一个念头

看看内心的每一种情绪

内在的问题总是要及时调理才最好

不要等身心疾病严重起来

才想到健康的重要性

既要清心，也要轻心

某天朋友小聚，很多女性朋友说起各自理想中的幸福生活该是什么样子，虽然大家说法不一，可归结起来总离不开这么几个方面：永葆青春、健康长寿、生活富裕、事业有所成就、至亲骨肉和乐幸福。

当然，生活在新时代的女性朋友们的想法都很新潮，每个人对于幸福生活的定义自然也是各不相同。只要过着自己向往的生活，那便是最踏实的幸福了。

前面说的各种各样的幸福，当然人人都很向往。可是，如果我们总是把这些希求和心愿放在心上，那么生活起来也是相当疲累的。

如此想来，我们实在没必要想的都是自己能够获取什么。对生活抱有太强烈的功利心和目的性，也就失去了轻松体验生活的乐趣。

世界名模克里丝蒂·杜灵顿作为全球瑜伽非官方的“代言人”，她认为，女人最好的状态是活在当下，享受当下。

对生活有追求有渴望这没什么问题，可问题在于，我们总是因为内心的追求和渴望而把自己折腾得身心疲累。

31岁那年，克里丝蒂·杜灵顿被诊断出患有中度肺气肿。在听完医生的诊断报告后，她并没有显得很激动，虽说有一些小小的意外，但她依然能够很理智地看待疾病，并且凭着多年练习瑜伽的运动经验制订出适合自己身体状况的调理方法。渐渐地，症状得到减轻，而这场疾病竟然成为克里丝蒂·杜灵顿与慢跑运动“结缘”的契机。她说，通过慢跑，意识到人们在生活中应该给自己一些慢下来的机会，有些事可以慢慢地做，并且那些不切合实际的需求可以坚决抛弃掉。

多年来，克里丝蒂·杜灵顿一直致力于女性身心健康，帮助女性唤起对内在健康的意识。她平时通过瑜伽、慢跑、冥想等身心运动来安抚情绪，使内心在面对各种变化时依然能够保持平衡和稳定。她说，我们需要通过静态的运动方式，比如瑜伽、静坐等来舒缓身心上的焦灼，实现心灵深处的清净；同时，也应当通过不断地审视自己的生活需求来减少那些不必要的物欲和渴求，使身心真正达到轻松状态。“人不必有那么多功利心，一切都是顺其自然才最好。”即便遭遇事业的瓶颈期，平日里就特别注意自我调适的克里丝蒂·杜灵顿也能够通过适合自己的运动来维持身心平衡，她极少由于压力而导致身体出现各种慢性病或其他的不适。

我们都知道，一旦营养过剩，人体就会发胖，而堆积着脂肪的身体也会失去原有的活力。那么我们也应该想到内心的欲望、索求过剩，我们的心灵就会臃肿，压力陡然增大，进而影响身体健康，导致慢性疾病发生。

能够做到清心的同时也轻心，不断地减少对于生活的功利目的，让自己慢慢地呼吸，慢慢地走路，不急不躁地去生活，我们才能真正感受到这场人生旅途中的愉悦感。身心轻松了，健康状况才能越来越好。

【智慧心语】

何必对生活抱有强烈的目的性

放下过重的功利心

身心才能不断地调和

越是减少内心过度的需求

身心的负担才会越轻

要有一颗清净心

要让心灵放轻松

想要身康体健，先从内心转变

尽管生活中总是充满着不幸、烦恼、痛苦，但这并不妨碍我们努力地绽放生命之花。甚至，在经历过一些困难、障碍和痛苦之后，人们会有一种“突破性”的生命体验。铃木大拙说：“当我们遇到生命本身的问题，不能一味采取被动接受的态度，而要积极地面对，这是一个真正希望转变自己生命状态的人应该具备的勇气。”

加拿大心理健康委员会在 2016 年发布的《城市人群心理健康指标数据》中称，随着生活节奏不断加快，城市生活压力持续增大，城市人群的“精神活力、身体适应能力普遍较差”。这从另一个角度反映出，对自己随时进行心理调适，保持身心健康，是一项很重要的日常行为。其重要程度不亚于呼吸。如果呼吸终止，人的生命也就不会存在太久；如果不能及时地调治身心、修整心灵，那么健康的生活也就即将远去了。

如果要保持健康的身体，那么心灵层面的问题就必须得到解决，就要转变内心的状态。美国畅销书作家、医学博士克里斯蒂安·诺斯鲁普作为全球范围女性健康领域研究的领军人物之一，她在《女神永远不会老》一书中表示："健康是心灵、情绪和身体共同作用的结果，一个人只要能够照顾好自己的心灵、情绪和身体，就可以极大地减少岁月对健康带来的影响。"可见，做一个不生病且能永葆青春的女人，并不是什么不可思议的事情。

只要我们安静下来，就能觉察到自己的烦恼、恐惧以及其他那些阴暗消极的想法。现在我们已经知道，身体上的疾病，主要源头在于我们的心理状态，所以我们不能再对自己的心灵采取忽视的态度了，也不能再放任那些阴暗的心念了。虽说每个人都会有迷茫焦虑的时候，大家都是一边气恼着自己的人生，一边又对人生充满了热爱，但是，我们可曾想过，有时我们觉得自己的人生有欠缺，原因可能在于我们看待人生的视角出现了问题。

既然已经明白了这些道理，那么从现在开始，我们就自觉去观察内心，去转变心念。只是，切不可给自己施加压力。当我们焦虑时，不必用强硬的态度要求自己"一脚踢开焦虑"，我们也可以笑着对自己说："既然现在存在焦虑的情绪，那就看它到底能存在多久。"这种较为开放坦然的姿态，反而能够让我们在压力最小的情况下释放焦虑的情绪。

当生起其他的不良情绪和负面心念时，我们也可以采用上面这个方法，使身心恢复到较为平衡和谐的状态。这样一来，我们的内心就能逐渐安定平静下来，我们便可以从更深的层面对心念进行觉察和省思。

明白了这个道理之后，我们只需要用心实践就可以了。何必为了健康状况而担忧？何必因为不良情绪频频出现而痛苦不安？身心上的问题，自然有多种对治方法可以应用。只要我们认真对待心灵问题，找到适合自己的修整身心的方法，又何必担心身心的健康状况无法得到改观呢？

【智慧心语】

让我们安下那慌乱的心
只有当心非常安静时
才能对自我进行觉察，发现心灵问题
身心原本是一体的
内心清凉、慈悲、平和
健康的体魄何愁无法获得

在大自然中冥想

根据医学理论证实，冥想能够促使大脑额叶区域的灰质数量增多，这意味着经常进行冥想修习能够制造出更多积极、快乐的情绪和感受，从而缓解压力，使情绪保持在稳定状态中。

美国著名冥想引导师乔蒂什·诺瓦克认为，当冥想者专注于自己的内在层面，关注爱、喜乐、光等高能量存在，将有助于扩展冥想者的意识，在心理和生理上都获得巨大益处。

在时下社会里，越来越多的女性朋友乐于进行瑜伽、冥想等有益身心的训练。比如在美剧《绝望的主妇》中靠着出色演技征服观众的伊娃·朗格利亚，她每天都进行冥想训练，以保持身心的健康和旺盛的生命力，她说："女人的美丽不仅在外表，更源于内在的状态。"

有些女性朋友对冥想训练抱有一些误解，以为冥想是那些不食人间烟火之人的精神体操。实际上，冥想训练非常容易入门，也非常适合我们随时随地调节内心状态。

汤姆·雷若斯是英国伦敦大学的心理学博士，他通过大量实验和数据分析表示，若要身体健康，就要学会随时调整自己的情绪，而不是采取无所谓的态度。“诸如那些焦虑、紧张、狂躁等不良情绪，会引发各种器质性疾病，对身体造成的损伤不可忽视，而身体上的病变则又进一步增加不良情绪出现的频率。”所以，这就不难理解，为何那些无法克服不良情绪的患者，即便接受了最先进的医疗，疾病依然会久治不愈。

为了在紧张的生活节奏中依然能够保持最好的身心状态，我们不妨来到大自然中进行冥想练习。每天我们那么忙碌，那么疲惫，我们的身体整日被困在钢筋水泥的丛林中，而我们的心却被烦恼痛苦包裹着。当我们投入到大自然的怀抱中，呼吸着清新的空气，满眼皆是自然景物，暂时放下那些工作、会议以及错综复杂的人际交往。只是关注着呼吸，让心平静下来。

在一呼一吸中，心开始沉静下来，如湖水一般。平静的心湖上映现出无数美好的图景，就像我们的人生一样。我们要感受自己内心平静下来之后的快乐。这种快乐，不仅是因为心中的不良情绪渐渐止息，更因为内心的喜悦、光明、慈柔等优秀品质被唤起。

如果你已经对冥想产生了浓厚的兴趣，现在就可以尝试练习一下，即便你的身体还困在办公室里，可你的心却可以投入到无限清凉平静的状态中。

【智慧心语】

看平静的心湖上现出最美好的景象
让我们生出无限的光明与欢喜
即便为了生活再忙碌
依然要把修整身心的时间留给自己
轻轻地呼吸，让慈柔的心念生起

不生病的女人

给女人永葆青春美丽的十六堂健康课

第九课
清理内心的“灰尘”

铃木大拙说：“人生的意义便在于越是身处痛苦，就越应该努力地绽放。”可一旦身陷痛苦之中，而我们自心缺少力量，缺少智慧和光明，便会怨恨人生，哪里还能够使生命绽放？所以，修心就是为了让自心光明起来，智慧起来，变得坚实有力量。

感受生命最自然的状态

在这百八十年的生命历程中，我们要经历得实在太多。人生中不只有风和日丽、欢声笑语，更有千折万磨、百般苦楚。突如其来的灾难、生活中厘不清的人际矛盾、为了维持生活而产生的焦灼，尤其是身心上的病痛，更是成为一种人人皆怕的祸患。

除了人们自身出现的痛苦，外部环境更是直接影响着人们的身心健康。

人们常说“水火无情”，不论是从新闻报道中，还是从自己身边发生的事情，我们都对水火灾害以及虫灾、交通事故等灾祸都有所了解。除此之外，还有频频的战乱和局部地区冲突，就连走路都有可能出现意外，况且还有凶猛野兽带给人们的危害，如此这般，真是苦不堪言！

铃木大拙说：“人生的意义便在于越是身处痛苦，就越应该努力地绽放。”可一旦身陷痛苦之中，而我们自心缺少力量，缺少智慧和光明，便会怨恨人生，哪里还能够使生命绽放？所以，不断地修整自心，就是为了让心灵光明起来，智慧起来，变得坚实有力量。

通过对身心的深度修整，我们便可明白在种种祸患之中，自有安定内心、智慧应对的方法。通过观察内心，我们能够感受到生命最为本真的状态，就不会轻易被灾难祸患催生出的恐惧与焦虑给捆绑住。一个人如果时时处于恐惧与焦虑之中，就会很容易引起身心疾病。接下来请看一个案例。

王阿姨待人和蔼可亲，可她却长期处于焦虑抑郁的状态中，久而久之，王阿姨颈肩部的肌肉发生纤维组织变异，肌肉血管内痉挛。而这种疾病的根源就在于，长时间的抑郁焦虑会引起肌肉紧收。

某天我去看望王阿姨，我说：“阿姨，您气色比之前好了许多呢。”

王阿姨却不以为然：“勉勉强强地活着，有什么意思！”

然后她又陷入了焦虑不安的情绪中。其实，主治医师和王阿姨的家人都不止一次地劝说过，要乐观些，积极些。人生不如意事十之八九，世间哪有那么多圆满无憾的事？可王阿姨总是说，自己身上这么多病痛，又曾经历过一些灾祸，她怎么都无法乐观起来。“我看我就这样勉强活着算了。”然后就是一连串的叹息。

与王阿姨截然不同的赵女士也曾经历过病痛和天灾，可她就善于调整心态，面对不良情绪时也能做出比较正向的回应。赵女士曾患有严重的胃溃疡，在进行治疗的同时，她还每天对自己说一些充满正向力量的话语。在身体状况有所好转后，赵女士还自创了“乐观疗法”，每天都对着镜子喊“加油”，她说她在为自己打气。现在的赵女士面色清净秀丽，身体状况也比以往好了许多，最重要的是，她意识到生命的可贵，觉得既然生活中总会有所欠缺，那么更应该以积极的态度面对生活，感受生命最自然本真的状态。

不论是面对疾病，还是人生中随时可能出现的灾祸，最聪明的态度绝对不是忧心忡忡地度日，而是带着觉知、慈柔和智慧，欢喜清净地面对每一天。这也是我们应有的最为自然本真的生命状态。

【智慧心语】

内心的恐惧与焦虑

应当清扫得干干净净

每天的生命状态

就应该清清澈澈

如果不能了解修整心灵的益处

就会被焦虑不安摧毁了生活

永远不要消极地对待自己

不知你身边是否有这样一类人：他们对谁的态度都很积极，对谁都很用心，可唯独对待自己很消极。或许你会觉得奇怪，慈悲精神不就是要首先考虑他人吗？用心地对待别人，给他人以鼓励，这不就是慈悲精神的体现吗？

可他们的这种“消极地对待自己”的做法，根本不是真正的“慈悲”。并且，这种消极对待自己的做法，也不是谦卑的表现。消极地对待自己，无疑是在给自己的身心传递出一个非常阴暗、负面的信息，从而把自己拖入负面心念的影响中，进而就会损害到身心的健康。

这种消极对待自己的做法包括但不限于如下种种：别人做什么都对，自己做什么都不对；能够给别人鼓励和希望，唯独对自己的生命缺少热爱；别人的生命中出现障碍就能够克服，而自己跌入命运的罗网之中就人生无望。

越是消极地对待自己，生活就越是苦恼无边；越是在烦恼中挣扎而不想着如何解脱，便越是容易自暴自弃，用更为消极的心态对待自己。自己的心若是蒙上了灰尘，旁人再怎么劝解都不会起作用。内心无法光明起来，又能指望着有谁点亮自己对生活的希望呢？

凡是经常消极对待自己的人，大抵上在人生过往中经历过许多常人难以想到的苦痛和障碍。如果我们只是把注意力放在自我生命经历中的那些苦痛上，确实很容易就会陷落到消极心态的无底洞之中。假如我们通过观察心灵，了解到突破心灵障碍以及化解痛苦烦恼的方法，那么也就能够截断那些消极的、灰色的、不正确的想法。

当然，这个过程比较漫长。可是，为什么我们不增强自己的耐性呢？治疗身体上的疾病我们或许还能保持耐性，而对治心灵上的疾病，我们却妄想着有一种特别快速的方法。人人都知道“病来如山倒，病去如抽丝”，而要彻底瓦解掉消极心态、医治心灵上的顽疾，必然不会特别迅速。但每天坚持修整心灵的好处也正在于，只要坚持了，便会有一定的益处，不间断地对治身心病痛，那么身心上的问题终究能够得到净化，生命中的困境也将得到摆脱。

况且，长期地消极对待自己，这是一种精神压抑的表现。如果我们身边有那种经常性地贬低自己、长时间自暴自弃的人，那么不妨观察一下他的生活，必然能从中看到消极灰暗的心态给现实人生带来的负面影响。

【智慧心语】

身体的疾病尚且容易治疗

精神上的顽疾只能靠修整身心

消极对待自己是精神压抑的表现

不健康的心理必然导致身体机能的失调

心灵有光，容颜才漂亮

长期精神压抑的女性，面容憔悴，容貌也没有以往那么漂亮。即便五官清秀、身材苗条，可由于心灵失去了光明，以至于双目无神，整个人看起来没有光彩，并且身体的健康状况也不会特别乐观。

心灵有光芒，首先表现在内心平衡。有多少女人之所以活得痛苦，原因就在于心理失衡。想得太多，不代表自己对生活有规划，有时候想得太多恰恰说明她是一个不会生活且缺少智慧的人。

人心之散乱，有如心猿意马，昼夜无有停息之时。我们现在细细体会一下，每到应该休息时，我们是不是想东想西，内心不能平静下来？不论是等人，还是走路，或者吃饭，我们心里的想法总是起伏不断，没有片刻平定？

“想得太多”，即心灵极少有过平定安静的时刻，正是由于心灵不眠不休，来回地自我折腾，才使得身体也不得轻松。身心劳碌不堪，经过长年累月的积累，因而滋长出种种身心疾病。身与心原本就是互为影响的，而身体上的多数病痛，都是因为内心的焦虑、贪婪、执着等杂念引起的。人们在心理失衡时，不仅精神上是错乱的，身体上更是变得脆弱敏感，容易生病。

这也是为何近年来越来越多的人比较认同“若治身病，先疗心病”的理念。

说起治疗心病，人们想到的往往是诸如静坐等以静为主的疗心方法，这些方法能够让人们把那散乱的心灵平定下来，此起彼伏的杂念渐渐少了，被颠倒妄想包裹住的心灵也轻松起来。

当心平静下来，心灵处于柔软平和的状态，身体的状态也就不会太差，人的容貌清秀明净、美丽光洁便是身心调和到最佳状态的结果。

再者，大凡是坚持自觉进行身心调整的女性，总是比较慈柔、清净，而较少出现愤恨、嗔怒等负面情绪。她们的美，是由内而外散发出来的，绝非靠着化妆品就能打扮出来。这是一种积年累月而创造出来的生命状态，绝对不是一朝一夕便可获得。

我们经常说“要带着觉知去生活”，这个觉知便是我们要对自己的情绪和心念清清楚楚，既明白它们是如何生起的，更要明白它们会对自己的身心健康造成怎样的影响。如果我们察觉到内心的怒气起因于微不足道的小事，但这怒气却会摧毁内心的平和清净，使容貌变得丑陋狰狞，我们还会任由愤怒的情绪不断膨胀吗？

每一种不良情绪都可以找到对治它们的方法，我们要做的是对治和疏导，而不是任由不良情绪膨胀、扩散，更不是刻意地压抑自己。因为长时间的压抑情绪一样会引发身心疾病。这就好比，我们心灵的房间需要时常清理打扫，而不是假装无视内心的垃圾，自以为它们不存在一般。

心灵的房间需要时常进行清理，把内在的负面情绪和负面心念清理干净了，心灵才能焕发出光彩，心里有光的女人，容貌才能洁净美丽。

【智慧心语】

身心平衡，容貌自然有光彩

淤堵的负面心念及时清理

才能避免身心疾病的发生

心是美丽的根源，是健康的根本

心灵状态对了，身体才能健康

整理身心杂念，这是一门学问

不知道你在生活中是否有这样的体会：很多时候，试图让自己的生活变得清晰有条理，远离杂乱，远离煎迫，可往往事与愿违。现实中的经历总是与内心中的想法背道而驰。其实，杂乱和煎熬的感受并不来自外部，而是内心无法平静下来时才会产生的感受。

对于个体生命来说，若要外部环境变得整洁有条理，首先就是要整理身心的杂念，让自己的内心稳定坚实，而不是带着分散杂乱的心念去过那种混乱分裂的生活。

人们需要的是一种有节制、有戒行的生活。因为有节制，才能自觉清理杂乱的心念。这样，便可以实现真正的身心和谐、精神健康。

家中杂物堆积过多，就会影响室内环境。同样的道理，心灵上的杂念如果一直堆积着，就会给身心造成相当程度的影响。不和谐的身心状态需要调整，而不健康的生活习惯和生活方式则应该摒弃。

让我们先来看看自己都有什么杂念。在对名利金钱的追逐中，我们难免自私自利；在面对滚滚红尘的情场上，我们总会因情而生出烦恼；在陷入世间各种关系罗网时，我们横生恼恨，伤己伤人。这各种杂乱的心念，负面的情绪，成为捆绑我们身心的绳索。心理上烦恼不断，生理上自然痛苦万状。这生理上的不适是为“痛”，而心理上的不适则为“苦”。这些痛和苦如果都得不到释放，那何谈身体的健康？

整理身心杂念是一门学问。首先，你得觉察到它，并且勇敢地承认它们的存在；其次，得有正确的方法，而不是靠着疯狂购物和豪饮买醉来摆脱心灵上的烦恼；最重要的是，不能半途而废。因为整理身心上的杂念，并不是在短时间内就能见出成效。想想看，我们身心上堆积的杂念、毒素、压力已经年久月深，必然不可能短时间内就清理完毕。

所以，与其等到身心上的病症表现出来再去整理身心杂念、清理心灵的毒素，还不如及时改变自己的生活方式。有着“长寿专家”之称的美国作家丹·比特纳认为，对人们的健康状况最具有影响力的便是日常生活方式。假如在日常生活里掌握管理压力的技巧，随时清理那些对身心健康具有破坏性的情绪和心念，那么即便偶然出现小的病痛，也能很快就恢复健康。

在现代社会，人们总是很忙，可即便再忙，也不能不给心灵留出调理和修整的时间。如果身心的杂念不整理，心灵的压力不缓解，那么我们的身心健康就会受到影响；一旦内心杂念淤积，身心不平衡、不协调，身体就会出现病症，而内心的不平衡、不健康作用在人际关系上，还会影响到身边人的身心健康。

丹·比特纳说：“生死交给上帝，而健康则需要交给自己。”只要改变旧有的不健康的生活方式，随时观察内心，那么就能预防许多慢性疾病。

可见，身体上的一切问题应从心灵内部入手，我们应该把整理身心杂念、清除心灵毒素当作每天都要做的事情，就好比整理房间那般，成为伴随一生的习惯。

【智慧心语】

清扫内心的杂念

是每天的必修功课

选择真正健康快乐的生活方式

学会自己管理身心健康

若要预防慢性疾病

首先从清理心灵垃圾开始做起

从坏情绪的牢笼里走出来

在现代社会，女性扮演着多重角色，其中最具有挑战性的恐怕就是母亲这个角色了。

女性生儿育女本是一种极为正常的自然生理现象，但每一位做了母亲的人都了解，不仅怀胎十月的过程对女人来说非常煎熬，而且生产时更是痛苦万分。身体犹如被撕裂一般，内心又因为挂念即将出生的婴孩而焦灼不已。

等孩子平安降生之后，作为母亲，女性们就更加忙碌了。因为有了孩子，女性们既要忙于工作，又要忙于照料家庭，压力陡然增大，也就难免会因为生活琐事而点燃了坏情绪。

但是，没有哪个女性愿意做一个“爱生气的女人”，也没有谁愿意每天生活在坏情绪的牢笼里。之所以无奈，还不就是因为不知如何对治这坏情绪，不知如何改善自己的性情吗？

其实，饮食与人的性情有着密切联系。美国心理学家夏乌斯博士在《饮食·犯罪·不正当行为》一书中认为：通过调节食物的营养组成，便能相当程度地改变性格。

作为素食级别最高的一级，茹素不仅要断除肉类食品，更要断除葱、姜、蒜等味道浓烈的食物。定期茹素对身心的改善结果非常明显，合理摄取植物性食物，反映在身体上会出现诸如便秘症状以及胃肠道不适的情况有所减轻，而反映在心灵层面则会引发喜悦快乐的感受，容易保持内心的平和，不易发怒，而诸如烦躁、昏沉等状态会逐渐减轻。

如果你实在不习惯素食，那么加州大学伯克利分校的社会学专家克里斯汀·卡特博士提供的建议或许可以采纳。克里斯汀·卡特博士建议人们每天抽出几分钟时间来安静放松地坐下来，然后闭上眼睛，保持均匀的呼吸，想象一下自己希望的生活，或者构想一些充满积极意义的图景，当然，也可以是某些我们特别感激的人。通过想象这些充满正向意义的人事物，我们能在短时间内就从焦虑、暴躁、抑郁等坏情绪中走出来。这些方法尤其适合女性朋友们，因为有越来越多的女性开始认识到调整内心对现实生活起到的正面影响。

如果女性们每天不间断地调整身心，不仅能够及时清理坏情绪，更能够转变自己的性情。原本烦恼丛生、性情暴躁，但是由于比较长时间地进行自我调整，渐渐地，身心便会转变得慈柔、娴静平和。坏情绪无影无踪，好心情随时都在。

心若慈柔、清凉，何愁身体不会健康？既然坏情绪给我们带来那么多苦恼，搅扰得我们生活中充满苦恼，身心不断承受着煎熬，我们就选择那些简便易行的方法来对治它吧。

应该注意的是，自我修整是一个循序渐进的过程，所以急不得，并且，也没必要给自己施加任何压力。用日本神经质病学专家森田正马的话来说就是，“要顺其自然地接受和服从身心运转的法则”。

让内心多一些美善的念头，多一些慈柔的性情，善于瓦解负面情绪，这便已经是个很好的开端了！

【智慧心语】

从坏情绪的牢笼里走出来吧

让每一个善念都给身心带来清凉

做一个不被烦恼捆绑的女人

瓦解负面情绪，让喜悦平静生起

从此智慧地对待人生

温柔地对待自己

第十课
给自己一个机会，重启身心能量

保有一颗童心、几许天真，这样的人活着才不累。这样的人，遵从自己的内心，因而也能在嘈杂的世界里保持内心的安定。禅学大师铃木大拙指出，“盛开的桂花，潺潺的小溪，春鸟的鸣叫”，这些大自然中最美好的事物，需要我们认真地感受。

追求健康，先从内心的解脱开始

有位智者经常用“大海与浪花”的关系来说明群体与个体之间的关联性。如果我们稍加观察，那么就不难发现，人与人之间确实存在着关联性。错误的心念、消极的情绪、负面的心态等都会给他人造成一定的不良影响。

在家庭成员之间，这种影响则更易观察得到。当母亲情绪不佳又没有及时处理，那么她就会给孩子带来心灵上的痛苦。

所以，如果要使家庭氛围和谐，那么就必须让家庭成员们调整好各自的状态。

这就如同我们若要身体健康，就应该先注重内心的解脱。内心的烦恼太多，身体岂能无病？当我们感觉到自己活得太累，身体与心灵出现了各种不适时，就说明我们已经距离自己的本心越行越远。想要的太多，占有欲望又那么强，思想偏执而又生出种种妄念。意念上出现了差错，直接影响到身体健康。

虽然现代化的医疗技术水平很高，人们可以通过吃药打针甚至动手术等医疗手段来治疗疾病，但假如能够切断患病的源头，我们为何一定要承受这种痛苦呢？即便无法做到完全不生病，可至少我们可以做到少生病，或者生病之后能够很快康复。

一旦一个人的内心被愤怒、仇恨、嫉妒、贪婪等意念填充，距离引发心脏病、癌症等疾病也就不远了。有位朋友说，如果不是因为有人存心捣乱，自己怎么会愤怒、仇恨？可见这错误心念的源头并不只是出于自己。人与人的交往本身就很复杂，或许他人有不对之处，但我们既然知道错误的心念会引发疾病，那么就更不应该把自己拖入痛苦的深渊了。

要想不生病，人就得学着从自己的内心解脱。

铃木大拙在自己的著作中分享了一个云门禅师的故事。云门禅师四处云游，肩上扛着杖子，随意地在田野中行走，把敲击树桩子作为乐事。

你看，假如我们保有一颗童心、几许天真，以这样的方式去生活，才不会累，才不会因为遇到一点不愉快就点燃仇恨的火焰。这样的人，他们遵从自己的内心，因而也能在嘈杂的世界里保持内心的安定。铃木大拙指出，“盛开的桂花，潺潺的小溪，春鸟的鸣叫”，这些大自然中最美好的事物，需要我们认真地感受。既然美好的事物这么多，又何必把注意力放在那些不愉快的事情上呢？

在现实生活中，各种障碍和困境，不愉快的事情，从来就不会因为我们内心充满烦恼而有所减少，只会由于我们内心不够安定而持续影响身心。遇到障碍和困境，想的应当是通过切实的修心而超越现实人生。当身心被疾病缠裹，恐惧焦虑有何用？倒不如先把消极的意念从内心卸下。内心解脱了，身体也就轻松了。

【智慧心语】

内心负担太多

身体就会疲累

改正内心的错误想法

便是卸下身心的负担

若要求得身心健康

必须先从内心解脱

放下攀缘执着，让身心真正轻松

有句话说得特别好："青山原不老，遇雪白头；绿水本无波，因风皱面。"这里的山水指的是我们的心性，而风雪则比喻外境。青山白头、绿水皱面，都是因为受到外部环境的影响而产生了内心波动，生起各种情绪、烦恼，因而就改变了自己的心性。人们是无法改变影响个体生命内心感受的那些外部环境的，所以，只能调控自己的心理活动，转变自己的思维意识。

比如说，当人生中出现了某个困境时，我们既然无法消除它，那就只能增强自己内心的力量，去承受起人生中的障碍、困境和缺陷。不然，还能怎样？可我们的症结就表现在不肯接纳人生中的障碍。因为我们总是希望自己永远处在顺境之中，而对自己不喜欢的事情充满了抵触和排斥。

但不论是好事情还是坏事情，并不会因为我们喜欢或排斥就永远存在或永不存在。所以，不论是顺境还是逆境，我们都没必要执取。心一旦黏着在某个事物、境界中，就等于是自我封闭，生命质量就再难以提升了，人生又何谈突破和成长？

如果断开对外部环境的攀缘执着，把心念从外部环境中转移出来，我们的身心便也轻松些。不必再去过多计较，也没有了利害盘算，我们只是将那顺境或逆境都接纳到自己的生命中来，而不是黏着于其中，一旦黏着，便会被外部环境影响了内心的安定，心若是整日不得安定，身体怎么能够健康。现代人经常出现的头晕、失眠、焦虑等神经衰弱病症，大多都是因为思虑过多而引起的。思虑为什么那么多？还不就是自己过于执着，给身心都带来了负担吗？

对于生活在现实世界中的你我来说，若要完全平息内心活动，那是不可能的。我们只能在现实生活中调整内心，把心理活动的波动调控在一定的程度内，这个程度便不会轻易地被外部环境所牵制，不会影响到身心健康。

平日里我们常说的“心念清净”也并非指内心空空荡荡、任何思想活动都没有，而是能够较为专注地安定在一个平和安静的境界中，不生起种种杂念。如果能做到放下攀缘执取，能够安住在自足清净的心境中，那么这就是个心灵自由的人。对一切外部环境如何变化，都能做到内心不起波澜不凌乱，不执着也不滞碍，那么身心就不会轻易患病，健康长寿便也不是不切实际的梦想了。

【智慧心语】

平息内心的躁动与凌乱
安住在清净平和的境界
何必对外部环境有所执取
何必被他人左右身心的安宁
心若是无负担、不散乱
便可身体轻健安康，生活一团祥和

揪出自我的愚妄之见

如果人这一生永远生活在自己的妄见中，那真的太可怕了。有些愚妄的观念对生活干扰不大，纯属个人生活态度的选择问题，这里姑且不论。但有些愚妄的想法对身心健康的影响可就太大了，并且这些错误的想法还根深蒂固。

为了让自己的肌肤更美丽，女人们少不得做皮肤护理。外在的护理虽可能起到一定程度的效果，对皮肤疾病有所疗效，可内心的问题得不到解决，女人也终究无法获得真正的身心健康。

面膜可以保湿祛痘，但无法对治内心的压力与焦虑。随着生活节奏不断加快，人内心的压力也越来越大。在身心平衡状态下，皮肤细胞能够进行持续不断的自我更新。但是在压力与焦虑的折磨下，皮肤这种自我修复的能力便直线下降。如果压力持续增加，那么皮质醇和游离脂肪酸的分泌也会随之增加。于是，皮肤就会出现红肿，甚至会长出色斑和痤疮。

可见，身心的内在状态直接影响着皮肤的状态。但我们往往花了大量的精力、投入大量的金钱用于皮肤表面的护理。而调整心灵并不需要花费多少金钱和时间，我们却毫不在意。因为我们觉得内在状态如何根本不重要，这不能不说是一种愚妄之见。越是忽视内在状态，身体状况就越是差劲，最终导致的结果就是心盲身病，如同永远生活在黑夜之中一般。由于对健康问题缺少真正的体认观察，所以疾病来到时，我们就会痛苦不堪。

同样会让我们感到痛苦的是，女人为了生活操劳而日渐衰老。她们想要青春永驻，就买来各种护肤品，结果外在的光鲜只能保持一时，而内心的毒素却持续不断地淤积，还得不到清理。

中医讲："有诸内，比形诸外。"内在状态如何，均能表现于外在体态和皮肤状况上。

好莱坞有着"不老女神"之称的安吉丽娜·朱莉如今已年过 40 岁，可容貌与身材却始终保持年轻的状态，她眼神明亮清澈，皮肤也细嫩紧致。当然，作为女星在选用的护肤品上肯定非常讲究。可是也别忽视这一点，安吉丽娜·朱莉在平时非常注重心灵保养，并且多年来都保持着健康快乐又充满活力的生活方式，空闲时就运动健身，或者向内在观察，揪出内心的焦虑情绪。但有些女性却把时间用在酗酒狂欢中。不论是酗酒还是狂欢，带来的快感只是暂时的，而我们却偏执地把这些当作能让生活更快乐的方式。

所以，我们应当放下自己对心灵问题和健康问题的妄见。每天多接收一些关于心灵修整、身心健康方面的新鲜资讯，永远走在自觉整合身心的路上，做一个真正内外兼美的幸福女人。

【智慧心语】

身体健康状况不乐观

正是因为错误的见解太多

自觉调理心灵是幸福生活的途径

内在世界平衡健康

才能拥有真正的快乐幸福

按下病痛的暂停键

要按下病痛的暂停键，必须先从调整心理入手。正所谓“身病好治，心病难医”。星云大师分享过一则笑话。说有位病人，总疑心自己的腹中生出了猫儿来，并且还做窝产崽，闹腾不已。因为怀疑自己患有这个毛病，他寝食难安，人也日渐消瘦。后来，家属便央求精神科医生，做一次象征性的手术，告诉患者，已经通过“手术”把那窝猫儿取了出来。

麻药药效过去后，病人也醒了过来。医生指着护士怀中抱的猫儿说：“这下你可以放心了吧，病根子已经去除了。”

然而病人却颤抖着说：“错了，全错了，我肚子里的那个分明是黑猫，你怎么取了只白猫出来呢?”

星云大师分享的这个笑话本是说明人们心中的偏执想法给人带来的困扰，形象地再现出被妄想、偏执所困扰的人们活得多么糊涂。

可是，如果我们不曾调整心灵，也没有对治过心头的偏执妄想，那么人人都会闹出笑话，就像故事中的这个病人一样。

我们都听过一个成语，叫“杯弓蛇影”。说的是应郴请杜宣来家中饮酒，杜宣见酒杯中有蛇影游动，但又碍于人情而不得不饮下这杯酒，由此就怀疑那条小蛇进入到自己的肚子里，于是就生了病。直到他得知酒杯中那“蛇影”的真相之后，才疑虑消除，疾病退去。原来那杯子里的“蛇影”，不过是墙上挂着的一张弓。而他之所以感觉身体不适，是心理因素导致身体出现了病痛。一旦真相大白，内心的疑虑不存在了，身体上的病痛也就自然消除了。这便是心理因素导致身体出现病痛的一个事例。也说明身心之间是互相影响的，甚至，心理因素成为了影响身体健康的主要原因。

除了偏执妄想，我们的心里可能还有贪婪，还有愚痴，还有自私自利，还有嗔恨。大家看，我们的内心有这么多疾病，身体岂能保持健康？

当然，按下病痛的暂停键，只是缓解身心疾病，逐渐恢复身心健康。我们若要保持较为平稳的健康状态，那么就不能放任自己内心的那些毛病和不良情绪，要学会自己对治这杂乱的内心。调整情绪，调整心念，调整身心的平衡，同时还要注意日常生活方式，这才是按下病痛暂停键的正确姿势。

【智慧心语】

心病易患不易治

身病根源在内心

内心的压力、烦恼、不良情绪

都是导致病痛生起的原因

一旦内在平衡，卸下心理负担

身心痛苦便可渐渐消除

很痛吗？有痛苦才肯求解脱

在临死前，病人自己痛苦难挨，虽然有父母亲人眷属等陪伴在身边，可是痛苦无人可以帮助分担，对于死亡的恐惧更是无人能够给予安慰。而亲友的哭泣更是给病人增添了无限悲苦。一般来说，人们都是眷恋世间生活的，世间还有自己爱的人，还有想做的事，最重要的是，没有多少人有勇气面对死亡。

可是，生老病死之苦，每一个人都要承受。当我们受够了痛苦的滋味时，我们或许才会积极寻求一种从烦恼之中解脱出来的方法。

可是，远离病苦，摆脱烦恼的方法很多，只看我们自己能否坚持下去。

有些人为了求得健康，也会遵照心理导师给的建议去做，调整自己的心理状态。可是这似乎很难坚持下去，一旦感觉见效速度太慢，便不再像最初那样坚持，到最后也就不了了之了。于是，身心上的痛苦并没有减轻，甚至较之前反而有所加重。如果通过修整内心，我们的心念没有变得更清净，我们内心的毒素没有得到丝毫清除，那么，我们凭什么要追求速成呢？

美国资深心理治疗师斯蒂芬·赫特夏芬为了唤起人们对身心健康的重视，希望大家在生病时能够认真体验一下身心上的病痛，只有对病痛产生深刻的感受，才能唤起对健康的追求。

等到病重的时候，虽然依靠各种治疗手段能够在一定程度上缓解痛苦，可最好的活法难道不是在平时就注重身心健康，将导致疾病的源头统统斩断吗？

我们不妨留意观察身边的那些病人，为了祛除痛苦，他们真的到了什么都愿意去做的地步，可见，对于人的意志力来说，病痛既是一种考验，更是一种消磨。人，只有在承受着极重的病痛时才会想到身体健康的好处。有位患有多年颈椎病的女士说，如果时光能倒流，回到十多年前，她肯定不会没日没夜地加班，合理安排工作与生活，坚持每天运动，自觉调整身心上的问题，而不是等到身体出了毛病才想到休息，更何况，身心健康是花钱也买不来的。

所以，最智慧的做法则是在日常生活中就带着觉知观察身心。一方面可以及时发现身心上出现的病痛的苗头，及时进行医治；另一方面能够时刻留意心念是染是净、是阴暗还是光明，从而及时做到断恶从善，清理掉阴暗的、负面的、错误的心念，保持光明、清净、正向的心念。

【智慧心语】

人身常病常医治
只有苦痛到了极点
才想到去修整，去对治
若是早一日带着觉知去生活
留意心念的起伏波动
维持身心的健康便不是难题

第十一课
做一个身心柔软的女人

心，能够产生一种疗愈身体的能量，而且世间大多数疾病的根源都是自我意识太过深重。因为自我意识深重，所以贪、嗔、痴这三种内心毒素源源不断地产生，又分秒不停地让我们经受着各种痛苦，还造成各种身心疾病。

把心安住于一处

大多数女性朋友都有一个共同的问题：很容易受到外界刺激的影响。面对复杂的工作环境、高强度的工作压力，职业女性们的心理状态很容易因外界的刺激而出现变化。一位美国心理治疗师根据多年工作经验总结道："一旦女性陷入消沉低落的状态中，就会出现诸如缺乏动力、对任何事都没有兴趣、经常性身心疲劳以及抑制不住想要大哭的冲动。"

我们可以留意一下自己最近的状况，只要出现以上这些表现，就说明我们已经徘徊在抑郁的边缘了，需要及时地修整身心，疗愈心灵。如果情况更严重些，那么就要咨询专业的心理治疗师了。

如果只是偶尔出现意志消沉、身心疲累、对生活失去兴趣等消极表现，那么我们可以通过对内在世界进行修整来缓解身心压力，从焦虑、抑郁的状态中走出来。

杨女士与其他多数职业女性一样，渴望在职场上闯出自己的一片天地。可是，长久以来的压力使她备受焦虑的煎熬。最初，她焦虑时会出现气短、心慌的症状，后来由于没有及时调治，以至于在焦虑症最严重时，整个人会有种失控的状态。

她的心理治疗师给她提供了一个不错的方案：假如感觉到胸闷心慌，但又不能离开办公室，可以安安静静地坐在椅子上，挺直脊背，慢慢地呼吸，然后把注意力放在呼吸上，待情况好转后，就把注意力投入到一处。这不需要勉强自己，一定要让心安定下来。不勉强，内心反而会真正进入平静放松的状态。

这个方法也适合多数职业女性平时放松。当内心平静了，能够安住在一个较为清净的状态中，身体和精神上的不适感便会慢慢减轻。

有些女性朋友说静坐冥想这些事情根本无法坚持下来，因为觉得这太枯燥。但是，我们不可能一生只做自己愿意做的事情。购物血拼，想必是大多数女人都喜欢的事，但对于身心健康并没有什么益处。

自己愿意做的事，有时可能会危害到自己和他人，给自己和他人带来伤害。所谓愿意，“代表着一种情绪，一种生命习惯”。但我们只有选择那些真正有益于身心的事情坚持，才能成为一个健康长寿、永葆青春的女人。

何谓生命质素的提升？它意味着我们要抛弃更多的不良习惯，时刻进行自我疗愈，自觉修整心灵。我们若要平复内心的负面情绪、保持身心的平和健康，就要学着“安住自心”。

了解如何安住自心，我们就会发现它带来的益处实在很多。

比如说，同样是与人产生了摩擦和矛盾，无法安住自心的人不仅怒火横生，甚至还会因为内心的嗔恨导致身体出现疾病。在一些新闻报道里，我们看到有人因为无法控制怒火而导致心脑血管疾病爆发，并且还危及生命，这都说明无法安住自心的人其实就是对自己的身心健康不负责任。

安住自心，并不是说完全不生起情绪。因为情绪有积极、正向和消极、负面的区别。不同的情绪，会把我们带入不同的人生轨道，身心感受和生活经历也会完全不同。所以，我们需要不断地强化正向、积极的情绪。

经常听一些善于调理心灵的女性朋友说，只要自己真正平静下来，就会感到身心轻安自在，内心的焦虑烦恼也逐渐消散了。这说明我们完全有调治情绪和心念的能力。只是，我们平时被惰性钳制着，对于净化身心、提升身体质素没有丝毫的觉知，这才导致我们身心出现了种种疾病。

现在，我们既然知道了身心互相影响的道理，也明白了如何安住自心的方法，那么就实践起来吧。

【智慧心语】

安住在清净的境界中
静坐观想，不断调治身心
身体素质便会得到提升
不断增强正向积极的情绪
不要被负面情绪拖入病痛之中

内心柔软，生活才平静

毫无节制地放纵自己，从不知道收束自己的欲望，纵欲嗜酒，长此以往必然内心邪乱，精力被损耗，身心健康受到影响，如果不能及时改正，过一种健康的生活，那么必然会因为疾病而失去性命。

但遗憾的是，许多女孩子因为追求刺激，或者一时心情不快，便用这些不健康的方式来宣泄烦恼。结果烦恼并没有得到释放，反而给身心健康埋下隐患。

即便偶尔一次的放纵让自己感觉到放松，但人生中还会遇到各种各样的困扰和障碍，我们不可能每一次都通过付出健康的代价来获取短暂的快乐。

女人最关心、最在意的是什么？当然是容颜美丽、身心健康。而诸如事业有成、家庭和美、实现个人的价值等，这些理想和追求也非常合理正当。可是，如果没有健康的体魄，又如何实现理想，成就事业？钱包里的钱再多，假如因为健康问题而面色枯萎，那么再时髦的衣服穿在身上，也无法显得美丽优雅。

曾见到一位被神经衰弱困扰的女士，她面色憔悴，整个人看上去就好比被抽空了灵气一般。在患病时，钱确实很有用，能够让病人接受最好的医疗，可是我们为何一定要在深切地体会到疾病的折磨时，才想到拥有健康的身体是有多重要呢?

等到生病之后再想着调治身心，或许对于恢复健康也会有一定效果，可毕竟之前给身心健康造成的损伤无法在短时间内修复，而有些永久性损伤则更是难以治愈。所以，就从现在开始，我们让身心柔软下来、放松下来，看清楚自己的心灵问题。

很多女性朋友都抱有疑问：做女人既要内心强大，又要身心柔软，这岂不是自相矛盾？实际上，柔软的内心才是真正的强大。

柔软，意味着一种接纳的能力。对于外部环境的变化不执迷也不恼恨，从而能够确保身心的平和清净。自己的身心状态正确了，就会自内而外散发出一种强大的能量，给身边的人带来欢喜踏实的感受。

只有增强体质才能抵抗疾病，这是我们都认同的一个生活常识。但大家所不知道的是，只有内心慈柔，才能断除对于自我的执著，才不会由于强烈的自我意识和过度的执取而罹患身心疾病。身体上的病痛尚且让我们难以承受，更何况是内心的烦恼呢？当身体和心灵都陷入痛苦之中时，我们的生活又有什么幸福可言呢？

不正确的心念已经导致我们做出了许多不当的行为，而这些行为就好比罪恶的种子，迟早会催生出人生的障碍。而这种障碍很可能就会以疾病的方式呈现出来。

疾病是一种现象。凡是现象，必然不会永久停留。关键是我们如何让疾病这种令人难受的现象尽快消失，而不是永久存在。从身心成长的角度来看，唯有把心念中不善良、不光明、不正确、不清净的情绪和心念都给挖掉，以正确的心念来指导言行、指导人生，这才是维持健康、远离身心疾病的最稳妥的方法。

【智慧心语】

以柔软的身心面对生活

少一些自我意识，剔除不清净的心念

身心若要保持健康愉悦

首先要做个内心清净喜悦的人

养护心灵，善护心念

从根本上切断疾病的成因

若想健康长寿，养心是根本

我们经常听到“修心”“疗心”“养心”这些名词，可到底什么是“心”呢？

心是我们的根本。记得曾读过这样一个故事：古时候有位长者非常有智慧，他苦口婆心地对人们说：“你们要守护好自己的心。”可是换来的却是人群的哄笑！但认识到心灵作为生命的根本，这是我们通过养心调心，从而获得身心健康的基础。

我们的心灵，总是在不断地产生快乐、忧伤、愤怒、恐惧等各种经验感受。大家可以感知到，心灵的这些经验和感受明显呈现出两个方向，一方是正向、光明、积极、快乐、和谐，而另一方则与前者相反。正是那些光明、快乐、喜悦、清净的感受，产生了很强大的疗愈作用。

可以这样说，引发身体疾病的是我们这颗心，治愈疾病的也是这颗心！

当我们被错误的心念和不良的情绪所捆绑，心灵自然沉重不堪，身体上也会出现种种不适。心，能够产生一种疗愈身体的能量，而且世间大多数疾病的根源都是自我意识过于深重。因为对自我意识的强烈执取，所以贪、嗔、痴这些心灵毒素才源源不断地产生，又分秒不停地让我们经受着各种痛苦，还造成了各种身心疾病。

如果有人说世间最重要的东西是财富、地位、权势等外界因素，那么他的心灵必定是空虚、不安而易怒的。外界事物的变化何其之快，如果一个人把生命的全部基础都维系在易变易逝的外界事物上，那么可想而知，他的身心一定不会特别平和宁静、无忧无虑。

所以说，心是根本，而思想意识和情绪对身体健康的重要作用，已经被当今的心理学界证实。养心，不一定非要远离现实人生。只要我们根据自己的实际情况，选择适当的调理心灵的方法，就能做到身心安适、安详自在。

心是根本，而如何养心便成了获得健康身心的关键！

【智慧心语】

心是人生的根本

若是经常产生不良情绪

身体必然疾病丛生

心头若是烦恼深重

身体如何安然自得

保持心念上的断舍离

作为近些年来出现的一种生活方式，“断舍离”得到了越来越多人的认同。所谓断舍离，就是把那些不适合、不适用、不必需的物品，从自己的生活里清理出去，推而广之，也可以理解为断绝那些让自己不舒服的人际关系。在生活上保持断舍离，这似乎并不难理解，也不难做到。并且这种断舍离的生活态度也得到越来越多人的认同。就现实的物质生活层面来说，我们实在没必要占有很多很多物品，别认为拥有得越多才越好，因为内心世界无比匮乏，所以才会把这种匮乏感投射到物质层面，让自己表现得非常贪婪。

由于工作，我曾接触过一位家境富裕的女士。不论是她娘家，还是她本人，都属于那种有钱任性的类型。但这位物质生活很丰富的女士却终日里愁眉不展。她知道自己并不缺钱，想买什么就买什么。可她总是感觉特别累，并且身体的某些部位会有酸痛或胀痛感，但是去医院检查却又查不出个所以然。

这位女士为人很坦诚，她说她能够意识到因为自己对物质层面非常贪心，总是想要占有更多，虽然买来的物品有相当一部分都用不上，但还是经常生出“占有得多，才会更踏实、更幸福”的念头。

对于断舍离的生活方式，这位女士还是颇为认同的。她把清理出的几大编织袋的衣服以及一些闲置物品悉数捐赠给有需要的人，并且对于自己的购物欲望多多少少也能进行控制。但是在她的内心深处，还是难以切断诸如“占有得越多才越踏实” 这样的念头。所以，即便她在行动上控制着自己，可心念上还是没有远离占有欲望。

不过，占有欲望并不容易破除。这种欲望我们每个人多多少少会有，没必要因为占有欲望强就觉得很羞耻。既然觉察到自己的占有欲望很强烈，并且真实地感觉到由于强烈的占有欲望让自己的生活充满了烦恼，那我们好好地面对它就是了。当然，我们在觉察到自己内心的负面、消极的念头之后会产生惭愧、愧疚的情绪，这种反省其实就意味着我们要与过去的自己“划清界限”，要向着更为清净光明的生命状态转变。

我们不仅要在生活上保持断舍离的态度，更应该在心念上保持断舍离。只是，心念上的断舍离并不仅仅是要切断占有欲望，更是要觉知到心念上的所思所想，而不是被一些不那么美好的心念牵着鼻子走。

最重要的是，我们觉察到那些较为负面的、阴暗的心念时，须赶快切断它、离开它，而不要任凭其如毒草一般地蔓延，以致让我们做出一些伤人害己的事情来。

当身心病痛时、遭遇危难时、身陷险境时、心生烦恼时，我们都希望在自己面前能够出现一个人，伸出一双手，给予我们力量和帮助，让我们顺利走出生命中的阴霾，迎接温暖与光明。

但在大多数时刻里，我们能依靠的只有自己。而实际上，每一个人确实也具备自我疗愈的能力。永远不要把改变生命状态的希望全部寄托在他人身上，在一念转变的当下，便是我们改变生命状态的机会。

【智慧心语】

身心上的断舍离

就是要切断错误的心念

清除掉负面的情绪

不要让身心的烦恼一再堆积

人生短暂，健康的身体却难再得

重视每一个重塑身心的机会

想要在生活中的每时每刻保持着觉知和正念，这并不容易。像我身边的一位朋友，她是一名心理咨询师，为人亲切和善，帮助不少人解决了心灵上的痛苦。但也正是这么个人，却因为自己接触到的负面能量过多，又没有得到有效的梳理，她陷入了抑郁的阴影之中。

不过非常庆幸的是，她能够觉察到自己心灵上出现的问题，并且对此保持积极正面的态度：一定能够度过这段抑郁期，一定能够从人生的低谷中安然走出来。

由于她平时帮助的人非常多，所以，当她陷入抑郁中的消息被身边人知晓后，大家也纷纷献出自己的温暖和友爱。很多时候，我们说带着善意与人相处，多为他人着想，也是在善意地对待自己。诚然，我们在帮助他人的时候或许根本不会想到以后得到什么好处。可不经意间种下的善因，便成为我们日后重塑身心的一个机缘。

在我们的生命中，总会有一些契机，是用来让我们重塑身心，净化掉内心那些污浊的念头的。这有点像擦拭一面镜子。我们心灵的镜子染上了灰尘，我们需要擦拭干净，这样，倒映在心灵镜子上的事物才会呈现得比较清楚。

如果我们带着偏执的念头去看待人事物，那么看到的不过是扭曲不实的物象，而不是事物的真实本质。就好比，被仇恨蒙蔽了内心的人，他觉得这个世间处处都是自己的仇家，这个世界一点也不可爱。别人轻轻地一皱眉，在他看来便觉得是别人表现出了厌恶和憎恨，于是他便也用厌恶、憎恨的心去对待别人。但实际上，皱眉的那个人很可能只是因为感觉到身上某部位有些不适。

再比如，悲观厌世的人看待这个世界也带着偏执的念头。他认为人的一生充满了无尽的痛苦和磨难，生命是没有意义的，活下去无非就是多受罪。苦痛是生命的底色，但我们却可以修学到去苦得乐的办法。谁的一生不是苦乐相伴？但是在悲观厌世的人看来，如果结束了生命，那么也就等于结束了苦痛，却并未想到生命经历的苦痛之中往往藏有转化身心状态的契机。

前文所说的那位陷入抑郁之中的心理咨询师，她最初也是很担心，生怕自己的这个状态会给身边人带来困扰。但她靠着大家的鼓励，也靠着自己的坚毅，最终从人生的困境中走了出来。

正当朋友们为她之前的情况担忧时，她却是认为，如果没有此番痛苦的经历，那么自己也就失去了一次直接面对抑郁的人生体验，而有了这样的体验之后，她对身边那些经常抑郁悲观的人便更多了些体谅和尊重。

由于这样的人生经历以及生命感悟，这位心理咨询师便带着更多的同理心来面对前来咨询的病患以及其他人，她说她非常感谢经历过那样的抑郁期。“如果不是因为自己真正经历过抑郁的痛苦，可能永远都无法体会到抑郁症患者所受的痛苦，这让自己在面对患者时就更多了些耐心。”

我始终相信，在我们这一生中遇到的伤害、经历的创伤、受过的苦痛，没有哪一样是要白白承受的。表面上看起来，我们是受了委屈、陷入痛苦中的那一个，但若是我们以接纳的态度面对苦痛，而不是将自己陷在苦痛中，我们就是在改变自己的生命状态。

【智慧心语】

少一点偏执，多一些接纳

只有敢于面对病痛

才可能通过调整心灵远离疾患

每个女人原本清净如莲

只是因情绪起伏不定才痛苦万分

以正确的知念指导自己的生活

做一个时刻检视内在的智慧女人

第十二课
我们怎样才能活得不抑郁

只有当我们经历过了这样的痛苦，才能对他人的痛苦产生发自内心的关怀，进而对一切被痛苦侵袭的人产生真实的悲悯，有了对于痛苦的体验和了解，我们才能朝正道大步行走。

警惕心中涌动的“灰色想法”

蒂帕嬷说过，即便是有着深厚智慧的人，他们的内心也会偶尔地生出悲观厌世的想法，还会陷入无尽的沮丧抑郁之中，甚至产生自杀的念头！

我们每一个人的内心，总会不时地涌动起一些“灰色思想”，若是偶尔出现一些悲观的想法，或者情绪低落、身心无力，那么进行适当的调节或者向专业人士寻求帮助就好。但如果这些“灰色思想”一直缠裹着我们，就会让我们苦不堪言，因为抑郁的枷锁太沉重，直把我们逼迫得徘徊在死亡的边缘。

一直以来，人们对抑郁症抱有的最大误解便是：你自己学着调节啊，你自己都不去控制，又怎么会有好转？但通常情况是，抑郁症很难靠着患者个体的力量来控制。所以，人们又对抑郁症患者贴了个标签：这都是些意志薄弱、心灵脆弱的人，甚至还有人说这是一种“矫情病”。

但事实是，不论你是普通百姓，还是社会精英，你都有可能遭受到抑郁的侵袭。比如温斯顿·丘吉尔，这位世所公认的战略天才、政治界的精英、野心勃勃的演说家，他本身也是一名抑郁症患者。他说，内心的抑郁就好比是一条黑狗，“一有机会，它就咬住我不放”。在无法平息内心躁郁的时候，他甚至产生过一死了之的念头。

在第二次世界大战期间，他曾振臂高呼“我们永不投降”，然而他并没有战胜抑郁症，并在身心交瘁中度过了余生。

其实，像丘吉尔这样的情况在我们身边并不少见。表面看起来，是一副坚强果断、乐观积极的样子，暗地里却被抑郁折磨得死去活来、苦不堪言。

蒂帕嬷告诫世人，要时刻警惕内心中涌动的“灰色思想”，要靠着正念和信心来瓦解它们，千万不要卷入悲观抑郁的旋涡。

除了要有正念，还要具备正见，即正确认识我们自心的烦恼以及生命状态和生活情状。比如面对抑郁情绪，我们就缺少一定的正确认识。如果是自己患有抑郁症或者时常出现抑郁情绪，我们不仅要对自己诚实些，要承认这种情况的存在，同时也不能放弃战胜抑郁症或抑郁情绪的信心。如果是面对患有抑郁症的旁人，我们要给予真诚并恰当的关怀，而不是拿出一副高高在上的“慈悲”姿态。真正的慈悲是放低自己而去帮助他人、成就他人，断不是摆出教训人的态度，一副“谁人都不如自己最明白”的样子，这样只能给他人增加压力，甚至因此而加重他人的抑郁程度。

如果实在不能对他人的抑郁情绪提供有效帮助，那么至少拿出尊重体谅的态度也是好的。我们应该明白，不论是患有哪种身心疾病的人，大家其实并没有高下的分别，即便是深陷抑郁症之中的人，他时常出现自杀自残的想法，也不能戴着“有色眼镜”看待他。大家都是一样的人，别人患上的疾病，我们也可能患上，同样的，别人能够战胜病魔，我们经过身心调整和循序渐进地修习，也会有走出疾病阴霾的那一天。

当我们看到那些被抑郁症折磨得痛苦不堪的朋友时，除了对他们报以关心之外，我们也该提醒自己：要时刻留意自己内心的灰色思想，最好每天都给自己一些积极的暗示，面对人生的障碍和困境，要用正确的态度来看待。

【智慧心语】

内心的阴云，总有散去的一天

而我们要做的就是

面对身心苦痛，要深刻地体验

经过了苦痛的人，才有资格享受光明

不抑郁、不焦虑、不纠结

身边有位朋友，患抑郁症已有数个年头。用她自己的话来说，每一天都过得相当糟糕，总是把控不住自己的激动情绪，并因此伤害到最亲近的人。

为了隐藏自己的抑郁症，她总是将自己的真实一面隐藏起来。我们眼中的她，是一个虽然情绪暴躁易怒但努力生活的姑娘。

直到某一天，她再也无法隐藏那“另一个自己”。她在亲近的人面前哭得一塌糊涂，不停地颤抖，像一个受过很多伤害的孩子一样。在那次之后，她假装出来的乐观和努力全然不见了，她说，每天都要假装乐观开朗地生活，这让她感觉非常累，并且每天她都因为睡眠障碍而觉得浑身乏力。

最初，她对自己的情况感到十分沮丧，但后来她发现，像她这样每天都生活在阴霾之中的人，其实数量非常之多。于是，她渐渐地不再有耻辱感。她开始变得对自己、对别人都一样的坦诚。当她感觉非常不好时，就向我们发出呼救信号，“请来帮助我，对我进行干预”。这时候我们就会知道，她的内心正处于相当激烈而深刻的痛苦之中，而我们也能及时给予帮助，哪怕只是陪伴，也能让大家心里觉得宽慰一些。

2017年4月的某一天，她在微信上说最近感觉还不错，至少身体有了些力气。她做了个决定，打算自己一个人把房间里里外外都整理、打扫一遍。以往都是她先生承担了这个“任务”，而在那天，她先生在自己的摄影工作室里处理一些事情，她说，她看到窗外阳光很好，站在阳台上晒太阳时觉得内心很暖，所以才想要做些力所能及的事情。

我这位朋友倒也不含糊，她先从卧室开始整理。乱堆乱放的杂志书报被归类放置在一个大纸箱里，她在纸箱上贴了一张标有“闲置”的字条，她说这些是需要处理掉的物品；然后，她又把自己真正想要收藏的书整齐地码放在客厅墙角的书柜里；她发现书柜里面落了很多灰尘，于是就拿着抹布开始清理。

在把房间整理打扫之后，她把好友们赠送的小礼物摆放在自己喜欢的地方。当然，她的先生并不会对此有什么异议。她说这些小礼物虽然普通，但都带着好友的祝福，都是充满正向积极能量的，所以，她要把它们好好地留起来。

她做这些事情时，进行得很慢。但她却说，在这种专注而缓慢的忙碌之后，她似乎重新找到自己的价值。“原来，我并不是非得需要依靠别人照顾才能生活下去，我也可以独自把生活打理好呢!”

望着窗外的阳光，她突然想到，自己有好几天没有出去散步了。在一番梳洗打扮之后，她穿上自己最喜欢的衣服，走出家门，来到户外。

天气晴朗，她的心情非常好，便给我打了一个电话。我接到她的电话时，已是午后两点。开始我很紧张，以为她出了什么状况，后来听到她轻轻地说自己今天感觉良好，我才放下心来。

她说，当她看着草坪上鲜嫩的绿色，还有石子路上奔跑的孩子，忽然内心就特别感动。因为她感受到了生命的活力，觉得生活是如此美好。然而在这之前，在她最痛苦的时候，她曾不止一次地想过要离开这个世界。

再后来，我这个朋友养起了小动物。那是一条耷拉着耳朵的小癞皮狗。因为这条小狗的到来，让她产生了“照顾小生命是一种快乐”的成就感。前年，她由于身体原因辞了工作，而现在，她打算重新找一份真正适合自己的工作。

从抑郁的阴云中走出来，这条路必然非常艰难。但这也是一段值得珍惜的历程，它能够让我们培养起对自己的信心。当我们拨开抑郁的愁云，我们会有一种重获新生的感受。并且，我们只有经历过了这样的痛苦，才能对他人的痛苦产生发自内心的关怀，进而对一切被痛苦侵袭的人产生真实的悲悯，有了对于痛苦的体验和了解，我们才能朝正道大步行走。

【智慧心语】

没有经历过痛苦的人
面对他人的痛苦便只有虚假的“关怀”
没有产生过焦虑、抑郁和痛苦的感受
人生便失去了一次成长的机会

重视精神榜样的作用

女人之心柔似水，生活中的一点小事也会激起波澜。很多女性朋友最为苦恼的事情就是，根本控制不了自己的情绪，忽而悲伤，忽而喜悦，就连自己都被自己的情绪搅扰得精疲力竭。对于有抑郁倾向的女性朋友来说，太需要有个精神榜样了。

精神榜样不一定是那种事业有成的女性，也不一定是万人眼中最美丽的那个。我们需要的精神榜样应该具有悲悯情怀，也应当具有坚毅勇敢的品格。我们需要的精神榜样，能够成为驱散我们内心阴霾的阳光，成为浇熄抑郁悲观的甘露。

日本女作家渡边和子就坦言自己曾患过抑郁症，她也经历过痛苦的时刻。但她却说，自己如果忙着照顾别人，就丝毫不会被抑郁症的痛苦捆绑住了。这说明，我们需要把一些注意力从自己身上转移到身边的亲友那里，甚至转移到更多的人那里。当然，这种关注是为了帮助大家，而不是盯着别人的错误和短处，或者干涉他人的私事。

换句话说，我们应当从小我的世界里走出来，张开双臂，去融入到更广大的生命群体之中。当我们不再纠结于自己的得失荣辱，不再计较和自己有关的是非对错，我们就不会那么在意他人的评价了。

有些性情抑郁的朋友很容易就陷入对自我的负面评价中，或者认为自己是毫无价值的，自己是否存在对他人而言也并不重要。但实际上，我们生活在地球这个大家园中，每一个人都是互相影响着的。我们可以用自己积极、正向、光明的思想去影响那些心情抑郁的朋友。如果情绪抑郁的是我们自己，那么就要去接近那些内心光明、清净、善良的朋友。

活在人世间，谁都不容易。所以，大家难免会产生一些负面情绪，朋友之间偶尔抱怨，也算正常。但我们不能一直生活在负面情绪和错误思想之中。

一旦陷入抑郁的情绪中，千万不要着急发慌，更不要轻易地放弃自己。每个人都有他存在的价值，一旦我们学着用慈悲、用爱、用光明去对待他人，我们便找到了自己存在的价值。

【智慧心语】

心有慈悲光明

就会拥有正向能量

用清净慈悲之心去拥抱他人

用光明正念来驱走抑郁的乌云

其实，我们可以活得不悲观

悲观抑郁的情绪，每个人都有。这并没有什么不好意思的，因为谁也不可能一天 24 小时都是乐观开朗的。

但如果长时间地陷入悲观之中，那就很麻烦了。事实上，所有的悲观都源于我们和自己较真儿，所有的烦恼都是因为我们不肯放过自己。

身边有位朋友，她最经典的一句话就是“全世界没人爱我，所有人都和我作对”。她常抱着这样的想法，活得非常悲观抑郁。可是，稍有理智的人都知道，即便一个人再怎么活得失败，也不可能被全世界的人抛弃，更不可能成为所有人都针对的目标。

她只是陷入一种偏执的自我否定之中不能自拔。这种强烈的自我否定感，实际上是另一种形式的抑郁表现。

如果我们专注于自己的生活，认真对待自己的人生，同时还能做到尽自己之力帮助他人，或许就不会太过于在意外界对自己的评价了。

这位朋友说，她人生中有很长一个时期都在阴影中生活，那段时间里她遭遇到各种各样的困境，看不到生活的希望，她认为自己的人生再不会好起来。

其实，每个人都会遇到困境，这些困境躲不过去，但可以超越过去。世上没有一帆风顺的人，只有不肯追求光明的心。

可见，我们不必过于悲观。因为一切问题都有解决的方法，只看我们是否愿意以正确的方式去解决。

如果只是因为没人爱自己、没人关心自己而悲观抑郁，那就更没必要了。一个人，如果他连爱自己都做不到，又为何要求别人来爱他呢？一个人，如果不怀丝毫慈悲、不能待人和善，那就更没有理由要求别人来关心自己了。

作为女人，我们首先要做的是爱自己，善待自己。这并不是自私自利，而是作为一个人应当有的自尊自爱。同时，我们也应当去爱他人、关怀他人，像特蕾莎修女那样慈爱地面对所有人的境界，或许我们一时一刻做不到，但尽自己的一份力去关爱他人、帮助他人，这并不困难。

最重要的是，我们要懂得，人生的障碍有许多，诸如失业、失恋、生病，等等。不要想着如何躲避，而要坚定地告诉自己：一切困难，都可以超越；身心上的疾病，也可以通过修整心灵而得以治愈。

【智慧心语】

当遭遇人生的障碍时
不必悲观绝望
不必终日抑郁
如果有一颗坚强有力的心
带着智慧光明去生活
人生的障碍便不会成为难题

减压修心，该怎么修

每天清晨醒来时，我们心头盘旋着的是这一天要处理的各种事务；每个夜晚临睡之前，我们焦虑的是第二天需要面对的繁重工作。睡醒之后、临睡之前，人的思想意识是最活跃、最敏感的，很容易产生焦躁不安等情绪。不过，如果将冥想练习应用得当，那么这两个时间段也正好可以作为我们减轻压力、放松身心、疗愈自我的“黄金时刻”。

安静地坐下来，轻轻地闭上眼睛，伸展开四肢，想象着自己此刻身处于大自然之中。周遭一片宁静，但我们的心头却犹如坠着沉甸甸的石块一般。这些石块令我们感觉生活不容易，我们甚至能够十分清晰地感受到压在身体上、心头上的这些重负。

我们缓慢地呼吸着，每次一呼一吸，就观想着身心上的重负在渐渐地减轻、减少。慢慢地，我们能感觉到肩颈、手臂、背部、腿部等身体各个部位正在逐渐变得轻盈起来。

以往因压力过大，我们身体上的那种紧张感、酸痛感都在渐渐地消失。我们的呼吸是那么缓慢而深长，我们将意念一次集中在头部、颈部、肩部、躯干、四肢等身体各个部位，在宁静之中，我们想象着身体的各个部位都有黑色的烟雾在排出。这些黑色烟雾，是我们往日积压在体内的种种负面情绪。那黑色烟雾随着我们的呼吸在一点点地离开我们的身心，我们明显地感觉到身心上的重负已然减轻了许多。

现在，我们的意念开始集中在对生活的构想上。以往，我们对自己的生活了解得并不深刻，我们将其视作一个艰难跋涉的过程。你必须相信，苦虽然存在于人生的每时每刻，但我们却有能力选择不苦，创造甘甜。

生活的本质，是美好，是丰盛，是充盈，而每个人在各自的生活中都扮演着创造者的角色。趁着此时我们身心平静、安宁，我们不妨把自己的压力在脑海中“写”下来。不论压力是与感情有关，还是和工作有关，我们都要如实地在脑海中“写”下来。一定要对自己诚实，不要有什么难为情的想法，如果在进行减压冥想的时候我们对自己还有所隐瞒，那将直接影响减压的效果。

我们可以这样来想象：在脑海中铺开一张白纸，我们把所有的压力和苦闷都尽情地书写下来，不过也没必要一下子罗列特别多，哪怕只有三五点也可以。我们把这些压力和苦闷一一展现在自己面前，不是要对着它们发泄怒火，而是为了下面的减压冥想做准备。

如果已经“写”清楚了自己的压力，那么请继续跟我进行这减压冥想练习；如果你觉得自己头脑里茫然无所头绪，根本想不出自己究竟有哪些压力，那么就保持身心的放松状态，想象自己被一片光芒包围并且安住在这片光芒和轻松感中就好。

现在，我们能清楚地“看到”这些压力，随着我深深地呼吸，但要慢慢地、平稳地，在呼吸的时候，我们看得到那些写下的压力开始瓦解，开始变得支离破碎、摇摇欲坠。然后，自我们的意念中生起一阵风，这阵风带给我们无限的温暖和舒爽，它吹透了我们的身心，将我们写下的那些压力吹得七零八落。

以上，是一种适合于绝大多数女性朋友的放松冥想术。简单实用，非常适合在日常生活中调节身心状态。世间种种，皆可成为治疗身心不适的药物，凡是一切能够帮助我们放松身心、收获健康的方法，都值得去尝试。

【智慧心语】

在忙碌的生活中

给自己片刻安宁
通过种种方便巧妙的方法
减轻身心压力
获得内心的舒展

第十三课 用善巧的方法平衡身心

只要我们能够改变自己的生活方式，让身体按照自然规律进行运作，改掉那些不健康的生活习惯，就能实现身心平衡，进而排出身心内淤积的毒素。

找一种轻松简单的保健方法

香港著名绿色达人周兆祥博士认为，只要我们能够改变自己的生活方式，让身体按照自然规律进行运作，改掉那些不健康的生活习惯，就能实现身心平衡，进而排出身心内淤积的毒素。

其实在日常生活里，对于“自然排毒”的理念我们已经不再陌生，很多女性朋友甚至还根据个人实际情况自创了一些排毒方法，让自己通过一些简单轻松的方法来实现身心上的清净和健康。比如冥想、瑜伽、户外运动、轻断食等，都是女性朋友们比较熟知的身心排毒方法。

对于大多数女性朋友来说，诸如瑜伽冥想、轻断食、慢健身等身心排毒方法，并不会觉得有什么难度。因为这些简便易行的方法几乎没有门槛限制，并且给身心带来的保健作用也比较显而易见。

很多女性朋友认为，自己性格奔放外向，而诸如静坐、冥想等调整身心的方法比较适合性格安静的人，所以这些方法对自己来说并不适合。有位整日忙碌的职业女性说：“平时要操心工作上的事，哪里还有时间去静坐？哪怕练习十分钟的瑜伽体操，我都有负罪感，因为觉得浪费了工作时间！”还有位非常有事业心的女性表示：“慢慢悠悠地做事，这不切合实际。那些调治心灵的方法或许对身心健康有帮助，可终究觉得与自己的生活隔着一层。”

如果深入观察这些想法，那么就会看到，这些理由不过是自己在心理上树立了一道障碍。这也说明，我们对于调治身心的道理并没有了解得很深入。如果我们了解得足够深入，就不会觉得它与我们的生活隔着一道屏障，特别是在经过一段时间的亲身感受之后，就会对这些调治身心的方法生出很深厚的感情。

【智慧心语】

用轻松的方法来调理心灵
用善巧的途径来平衡身心
要消除日积月累的病痛
就需要带着信心自我修整
对自己的人生负责
就要选择清净喜悦的生活方式

吃喝享乐，不如每天静坐

女人最怕什么？有人说女人害怕年华老去，青春远逝，美人迟暮总是人间的一大遗憾。也有人说，女人最担心失去爱情，因为女人是花，而爱情则是浇灌鲜花的泉水，失去爱情的女人就枯萎了。还有人说，生活在当今社会的女人，最在意的还是事业，有了财富就意味着经济独立，而独立的女性不论处于哪个年龄段都不会受控于人，都是自信潇洒的。

但这得有个前提：女人有一个健康的好身体，有一颗足够饱满智慧的心灵。

如果身心不健康，那么美丽的外表不过是一个装饰，所谓的“事业有成”也无非是银行卡上的一堆数字。身心上的病痛无人可以代替，痛苦的滋味只有病人自己能知晓。

所以说，与其每天吃喝享乐，还不如老老实实地修整内在世界，哪怕静坐几分钟，安稳自心，平定情绪，对于身心健康也是有益处的。

静坐的时候，逐渐平复一下那些纷乱的心念，而要让自我觉知生起。在前面，我们经常谈到“要带着觉知去生活”。这个觉知便是要对自己的生命状态、情绪、心念等有清楚的认识。我们应当明白自己的情绪和心念会给自己的生命带来怎样的波动和干扰，就不会放纵自己的情绪和心念了。

比如说，我们因为一些生活里的矛盾就在内心产生强烈的嗔恨和仇视，那么在这时能够意识到这些不正确的心念、负面的情绪会给身心造成怎样的损伤，我们就能逐渐平息心头的怒火，而不至于让这烦恼痛苦持续存在下去。因为我们比较及时地平复了情绪，转换心念，因而身心损伤也得到了一定程度的缓解。

这便是带着觉知去生活的一个体现，但很明显，这只是生活层面中的一个表现。实际上，“觉知”是可以通过不断检视自心而培养出来的。在平时我们总是分散心神，很少把关注点放在对于心念与情绪的察觉上。

静坐时，我们把那些妄想都平息下去，并且知道自己起心动念会引发什么后果，给身心带来怎样的结果。时间长了，我们就能时刻留意到自己的起心动念，也就是带着觉知生活，这便是真正地修整身心，调和身心平和。

心若有了主宰，便不会轻易散乱；心若时刻清醒，妄念便自然平息。所以，吃喝玩乐的事情少一些，还是把更多的时间用在身心的调治上吧。至少，静坐调心能够给我们带来真正的益处，让我们获得健康的身心状态。

【智慧心语】

吃喝享乐，给身心带来暂时放松

静坐观想，对身心健康才有裨益

心病不调，便有百病横生

调治自心，从根源上断绝病痛

观察内在，没你想的那么烦闷

印度的瑜伽导师瓦米·韦达认为：观察内在情绪，看似有点神秘，但完全可以在日常生活中进行。通过观察情绪，可以让心念平静下来，这样既不耽误进行日常活动，还能够促进生活质量不断提升，最重要的是，能够让我们带着觉知去安排生活，这样比起浑浑噩噩地活着不知要高明了多少呢。

瓦米·韦达导师劝诫大家：观察内在，不能成为机械性的简单重复，而应该视作净化身心的治疗。即便是在日常生活中坐卧行走之时，甚至煮饭、候车、书写等时间，我们都可以通过观察当下的情绪和心理状态而收获清净的能量。

但是，尽管我们都明白，修整身心犹如耕种，一分耕耘一分收获，并且对生命成长有着切实的改善。可我们依然沦为了享乐主义的奴仆，宁愿把时间花费在逛街购物、吃喝玩乐上。原因在于两点：一是我们对于病痛的感触还不那么深刻，而且也从来没有过罹患重大疾病的经历；二是我们对于观察内在、静坐冥想等修整身心的方法有偏见，认为这些方法太枯燥了。

当然了，看时装美女养眼，看好莱坞大片刺激，可是追求健康长寿的女人需要的是真正养心的活法。而关注内在状态、观察心念情绪，不仅能够让我们收获健康与放松，更能够帮助我们纾解心中的郁闷，扩展心量，培植出对生活的热爱，实现生命质素的升华。

若是不能养成观察内在的习惯，我们就会缺少洞察，同时也缺少改善自己的动力，我们就很难从制造身心疾病的圈子里解脱出来。

观察内在，就要观察到在当下的一刻自己内心出现了什么情绪，这个情绪的动因是什么，它会给身心造成哪些伤害和影响，会促使自己做出怎样的举动，造成怎样的后果。情绪的根源是什么？无非是一个个固有的观念。假如我们意识到这些，从固有观点里跳脱出来，不良情绪也就很难再随意出现了。

举个身边的例子来说吧。李姐遇事总是比较激动，而且还经常产生莫名的恐惧。长年以来，她都生活在这样的情绪牢笼里，导致身体健康出现问题，慢性病缠身，还直接影响到家庭的和睦幸福。

后来李姐听从专业心理治疗师的建议，每当自己遇事特别激动时，先做几次深呼吸，这样有助于帮助自己平静下来。然后问问自己，到底是什么触发了自己心中的“雷点”。

某天，李姐和爱人因为生活琐事拌起嘴来。李姐试着慢慢呼吸，将呼吸的节奏放得特别缓慢。果然，内心也跟着略微平静了些。她观察到自己这激动的情绪是出于对自己的不自信。别人一说点什么，她就会先入为主地认为人家是在轻视她，笑话她没有用。可李姐并不是没有能力之人，只是她经常对自己的能力表示怀疑，这种自我否定和自我怀疑便是一种固有的观念，是她自己认为自己不够好，别人才轻视自己，所以，别人说的话并不是针对她，只是她自己如此认为而已。

现在，李姐这容易情绪激动的问题根源在哪里，已经一目了然。

找到了问题根源，再经过合理调治，不仅心灵负担越来越轻，就连诸如偏头痛、胸痛等小毛病也有减轻的趋势。连李姐自己都说，身体状况的转变，需要先从内心的转变开始。

我们常说自己活得累，实际上就是心病太多。别人说了句无心的话，我们也要记恨许久；别人做出一些伤害我们的举动，我们想的不是如何自我疗愈，或者有理说理，而是无限度地放大了自己承受的伤痛，“天底下就自己最委屈、最痛苦”，越是这样想，心就越痛苦。我们都不肯放过自己，却向外界、向他人索求爱、索求关注。

女人对自己最大的投资，莫过于对于身心健康的投资；女人爱自己的最好方式，莫过于做一个善于调治身心的智慧女人。而这种种智慧，莫不是从自我观察内在的过程中而来。如果只是懒懒地等着别人来拯救自己，等着别人来关怀自己，那么我们这一生也不会好起来了；如果从内心生起自立、自救、自我疗愈的心愿，那么依靠适合自己的调理身心的手段，便能收获到对身心健康真实的益处。

【智慧心语】

若要身心健康，轻安自在

绝对不能懈怠懒散

我们应当生起自我疗愈的觉悟

世间种种快乐短暂又虚幻

唯有身心调整平衡，没有病痛

才是幸福人生的根本

给心灵找到一个出口

“轻生活”作为时下最为环保、最有益于身心健康的生活方式，正被越来越多的民众所关注、认可。对于现代人来说，我们所处的这个时代虽然物质生活不断改善，但不论在身心上还是生活中，其实都充斥着过多的负担。

吃，要吃最好的，而不是对身心健康有益的；穿，必须标新立异，哪怕衣柜里衣服再多，心里永远都觉得自己缺少一件最独特的；购物，再不是挑选生活所需的物品带回家，而成为了一种心理上的发泄，不管买回来的东西是否有用，自己是否真心喜欢，就把花钱当娱乐，最终家中堆积了许多毫无用处的东西。

可即便是这样，我们依然觉得不开心，心口总像有个什么东西堵塞住一样。

我们最需要的，不是在吃喝穿戴、购物狂欢中寻找乐子，而是给自己的心灵找一个出口。

在以往的读书沙龙活动中，大家经常分享自己的某个生命体验，然后相互交流，不仅愉悦身心，而且还能够将别人分享的生命体验与自己的体验进行对照，进而吸纳其中对自己有助益的部分。

这个时候，我们的心灵就是敞开着的。处于这种状态，我们既是分享者，也是接纳者。我们的生命姿态也正因此而变得丰富起来。我们不再像以往那样，拼死拼活地抓住某个人或某个事物。因为我们已经明白，任何人或事物都不过是生命中随各种条件而出现的现象。我们也不会继续强烈地对自我执着，偏执的观念不断减少，内心也就轻松起来。

调治身心的目的，便是让自己更为持久地保持内心清醒。要对自心的力量有所认识，同时又把外部那些具有正向作用的力量接纳进来。能够化解烦恼，平定情绪，时刻保持着清醒和觉知，这是心理健康的最佳状态。

世上的每一个人，都与我们有着某种程度的联系，同时，我们也影响着别人。我想，没有谁愿意受到他人负面能量的影响，不然，我们也就不会天天喊着要“远离垃圾人”了。所谓“垃圾人”，就是整天传播负能量、给他人以负面影响的人。有些专门给他人灌输错误观念的“损友”也是我们应当远离的对象。因为这些人的言行已经影响到我们的身心健康了。

但应当注意的是，每个人都不是完美无缺的。一旦某人开始向好的方面转变，那么我们还是应该向他靠近的。

比如说，一个人从前自私自利、好吃懒做，不仅不思进取并且还满心暴戾，那么这样的人我们自然不敢靠近。

可是，假如他开始修整身心，改正自己的言行，剔除内心那些负面消极的观念，那么他就理应被人群再次接纳。因为这种正向意义的改变，不仅会带动他本人的现实生活出现好的转变，并且还会持续地激励他以更为美好的状态去面对他人、面对生活，从而实现人生的良性循环。更重要的是，这种正向的转变直接促进了身心健康的发展。而接触这样的人，也能带动我们进行良性转变。

这就跟“轻生活”的理念一样：清理掉自己不需要的、对身心有阻碍的人和事，而接纳对自己的人生真正具有正向意义的人和事。居住空间有限，不能什么东西都堆在房子里；同样的，心灵空间更有限，无法容纳过多的负面能量，所以还是把美好光明的能量接纳进来吧。

【智慧心语】

把不需要的物品清理掉

是为了让居住环境更清静

给自己的心灵找一个出口
把负面心念都驱散
让正向心念不断生起
是为了让人生步入良性循环

要善待生命中的每一天

最美好的生命境界并非从来不生起喜怒哀乐等情感体验，而是不黏着、无挂碍；不论善恶，各种念头都不执取；外部环境如何变化，也不会影响内心的感受。但是，对于我们来说，这样的境界实在难以达到，那么我们不妨带着善念去生活，善待生命中的每一天，这也能让身心感受到喜悦光明。

善待生命中的每一天，不论这一天遇到怎样的人与事，只要我们内心安稳不动，时刻注意调治身心，那么每一天便都能过出幸福的滋味来。这是一种智慧的生活态度。

生长在澳大利亚的 Janette Murray，曾经被医生诊断患有乳腺癌，并被告知自己的生命恐怕只剩下几个月的时间了。如同其他人一样， Janette Murray 当时既震惊又恐惧，她想不到自己的生命居然会这么快就要终结。但即便这样，她还是认为“这只是身体发出了一个善意的提醒”。

在此后的日子里，Janette Murray 渐渐接受了自己患有重症这个事实。先正视问题，才能有所转变。Janette Murray开始了她调治身心的过程。她并没有放任自己的消沉情绪，也没有怨天尤人，而是像个年轻女郎那样，练习瑜伽、冥想，甚至还参加了马拉松比赛。值得欣喜的是，Janette Murray并没有像医生预言的那样早早过世，她现在带着活力笑对生活，就像一个少女一般。当媒体采访她时，她对自己的生活表达了满心的爱意。

或许，我们有足够幸运不会患上Janette Murray所患的病症，但是，每天我们身心上的不适总是存在着，并且每一天都有新的不适感产生。虽然我们没有罹患重病，但我们很少有调理身心的自觉性，并且，我心中有个疑问，我们能否像Janette Murray那样，即便患有重症，也能善意地对待生命里的每一天？

能够善意地对待生命，必然是由于内心具备足够强大的力量。在这种力量的作用下，我们学会了柔软与慈悲，懂得了放下和接纳，最重要的是能够对自己、对他人给予鼓舞，随时传播正向的能量。

如果我们缺少这种力量，不要说面对绝症了，哪怕是在一般的疾病面前我们都会迅速垮掉。因而，在修整身心上多花一些时间，便能在关键时刻多一些坚定的力量。有些女性朋友的依赖心理太强，总认为一旦自己生病了，还有伴侣、子女、亲眷等可以依靠。但是，亲人眷属给我们的安慰远不及自心释放出的力量。

永远不要轻视通过自我修整、自我治愈给我们的生命带来的转变。Janette Murray 虽然看似失去了健康的身体，但她每天依然坚持适当的运动、对膳食进行调整、保持积极乐观的心态，这样的生活态度真的很励志！而她所说的“要善待生命中的每一天，哪怕这一天被告知罹患癌症”，更是值得每一位女性朋友深切地体味，只有这样积极乐观的心态，才能引导我们活出喜悦美好的姿态。

【智慧心语】

以无畏之心面对病痛

用积极乐观的心态接纳一切

善待人生中的每一天

便是扩展了生命的宽度

谁人不曾经历过病痛

唯有坦然面对，才能安然承受

第十四课
抚平那颗烦恼的心

人生来就有烦恼，这没什么大惊小怪的，是很平常的事。但也正因此，我们才应当更加自觉地修整身心，逐渐平息烦恼，进而祛除病苦。所谓修整身心、觉察内在，从来就不是神秘的，而是再平常不过的行为。自我疗愈从来就不属于少数精英派，而属于每一个生活在尘世的人们。

不要在别人的眼光中行走

在之前的一次读书分享活动中，有位女士谈起自己的苦恼。

这是一位性格安静的女士，平时喜欢在闲暇的时候静坐冥想，而对于逛街购物等事却没有丝毫兴趣。她的观点是，每个人选择自己真心喜欢的事情做就好了，就好比我喜欢静坐，那就静坐，你喜欢选购时髦衣服，那就去购物好了。每个人的生活方式并不需要别人来指手画脚。而她的苦恼则在于，朋友们怀疑她“精神出问题了”，还有些人干脆就说她这个人行事很“奇怪”。

“我不明白，选择静修怎么就不对了，别人看待我的那个目光，让我觉得很难接受。”这位女士倾吐着自己的苦恼。

不得不承认，我们的生活中确实存在这样一种现象：别人都在消费，唯独你勤俭，你就不正常了；别人都把时间花在泡吧、买醉、狂欢豪饮上，唯独你喜欢静坐、冥思、清修，你就是“不合群”了。正如刚才提到的那位女士所说的，每个人都有自己的生活方式，实在没必要去干涉别人。

修整身心是一件很平常的事，它并没有什么特别值得骄傲的地方。我们调理内在、修整身心是为了什么？还不是要净化自己的内心状态、提升自己的觉知、扭转生命中那些消极、阴暗的心念和言行吗？这有什么值得骄傲的？把修整身心融入生活之中是一件很实在、很纯粹的事，我们没必要期盼着得到所有人的肯定和赞扬。如此去想，我们也就不必太过在意他人的眼光了。

每一个人终究是活在自己的价值评判体系之中的。所以生活中的那些是非问题，有些根本不能称作问题，只是每个人所站的角度不同、出发点不同、思想观念不同，才产生了种种纷扰。然而这种纷扰，也只是一时一刻生起的现象而已，你不用去过多地在意。

在别人的眼光中行走，那只会让自己活得更累。如果我们静坐冥想、内观情绪，这些行为并没有干扰到他人，那我们又何必在乎他人的评论呢？

如果我们通过自觉的调理和修整，逐步地净化身心，活得越来越通透、越来越智慧，内心常是欢喜清凉，身心健康不患疾病，那么自然会影响身边人。因此，仅仅因为别人的一些不友好的评论就苦恼，这实在没有必要。如果因为修整身心而产生了更多的烦恼，恰好说明我们自己还存在某些问题没有解决。如此看来，也算是一个好事情，因为通过这些烦恼我们能够返回自心审视，从而解决掉某些问题，这也正是烦恼的意义所在了。

人生来就有烦恼，这没什么大惊小怪的，是很平常的事。但也正因此，我们才应当更加自觉地修整身心，逐渐平息烦恼，进而祛除痛苦。所谓修整身心、觉察内在，从来就不是神秘的，而是再平常不过的行为。自我疗愈从来就不只属于少数精英派，而属于每一个生活在尘世的人们。

【智慧心语】

太过于在意他人的目光
是因为我们缺少对自心的省察
何必在别人的眼光里行走
只要不断净化自己的身心就好
修整身心不是让我们的杂念变得更多
而是平定妄念，让烦恼减少

抚平那颗散乱烦恼的心

话说古时候，有个性空禅师。某一日，他向弟子提问道：“假如有人落在千尺之深的井中，你们能够不用绳索把他救出来吗?”无人能够回答。后来，仰山禅师就带着这个问题来到耽源禅师那里，向他求教。而耽源禅师则说：“你这呆子，你可见到有谁在井中吗?”

仰山无法回答，后来只得向沩山灵佑禅师请教：“依您看，怎样才能不使用绳索就把那井中之人救出来?”

沩山假装思考状，忽然出其不意地大声叫道：“仰山！”仰山马上就回应。

沩山灵佑禅师哈哈大笑说道：“你看，这不就从井里出来了吗?”

很多时候，我们说自己非常烦恼，非常痛苦，身心上有许多重负，其实只是自我束缚，简直庸人自扰。古语有云“解铃还需系铃人”，从烦恼中解脱出来要靠自己，从病痛中恢复元气，靠的还是自己。

在这个故事中，所谓“从井里救上来”，其实细想一下就不难明白，没有谁能够不借助绳索就能把人从井中救出来。在那千尺深井之中，能把人救出来的只有人自己。这好比我们要健康长寿，虽然能够依靠先进的医疗手段，但最重要的还是要依靠自己的觉察，来调节情绪、整治身心状态。

烦恼从哪里生起，便能从哪里落下。承受疾病之苦的是谁，谁便有力量治愈这痛苦。这并不是说医生和医院都是摆设，也不是说我们生病时没必要去医院。生病时还是要去医院看医生的。但是，我们应该对自己的烦恼、疾病和生命状态负起责任来。

这样的生活态度，也称为“直下承担”。只有自己切实感受到了疾病带来的痛苦，才能从内心生发起转变生命状态的心愿，而不再像个懒汉一样，什么都等着别人来帮助。

生活在当今社会的女性，多数都具有自立自强的意识，在经济上独立，有自己的事业，向着自己的生活愿景前进，这本来是一种很端正的生活姿态。但我们需要知道的是，这种独立性不只体现在经济上、情感上，更体现在身心健康与生命状态上。

自己跌倒，自己爬起来，收获的便是一个真实的世界。

如果我们满心都是烦恼，时刻都是妄念，还要整天依靠别人来平息自己的烦恼、清除自己的妄念，那么就绕弯路了。

特别赞同一种活法：不要时刻都想要得到别人的鼓励、别人的帮助、别人的安慰，从外界得来的力量都不是自己的，也根本靠不住，只有从自己的内心生起誓愿、担起责任，整个人的生命状态才生机蓬勃，既可以做一个娇滴滴的美女子，到了人生的关键时刻又是那响当当的女丈夫！

【智慧心语】

烦恼由自心生起，还要由自心灭下

疾病是一种人生的障碍

需要个体生命承担起来

心有烦恼时，何必指望别人帮你消除烦恼

深呼吸，然后就放下执念

偏执是一种病，并且它还是许多心理疾病的根源。只是我们经常把那种对于工作的进取心、对于事业的坚持不懈与偏执、执取混淆。对于事业的坚持，能够带给人前进的动力，而陷入到偏执、执取之中的状态，则只能引发烦恼无数，并且引起身心疾病。

一个人的执念太深，就会时刻都活在绑缚之中。记得有位朋友就过得很不开心，她非常在意别人对自己的评论，不愿意听到有人说她工作能力差，也不愿意听见别人批评她“生活没品位”。她尽力保持着完美的形象，可是她每时每刻都活得累心累神。不知道是从哪天起，她发现自己总是心口疼痛，还伴有胸闷。也有时睡眠不安稳，要么就是夜里时常因为做梦而惊醒。

日子一长，她便吃不消了。她望着镜中那枯黄的脸色，忽然就想到：应该换一种活法了，可到底应该怎么样生活，她却迷茫困惑。

其实我自己也曾有过一段时间，对什么都特别执着，尤其在情感方面。我在意恋人的一言一行，总是很容易就“想的特别多”。这直接导致我在那段时间里神经衰弱，恋人说我“不会照顾自己”，就因为这一句话，我又生起了执念，我认为他说这句话的意思是笑话我很笨。

可当我平复情绪之后却觉察到，我之所以痛苦，完全是因为自己执著于某个念头不放而造成的。即便真的有人笑话我笨，那又如何？人家不过是说了实话而已。即便有人言语不友善、处处针对我，那又怎样？如果我真的因此而烦恼，那岂不是让他人企图得逞？

大家看，只要我们平复了情绪，向内在世界观察、审视，就不会继续在种种执念中纠缠下去，说不定当下就能心开意解，从烦恼的牢笼中跳脱出来。

但可悲的是，我们时常陷入由于偏执而产生的痛苦之中，并且还不自知，误以为这痛苦是别人给我们的。于是我们就把目光聚焦在外界，从来不觉察自己的内心世界。一旦某天，我们在生理或心理上感觉到有些不适，首先想到的就是借助外部力量来治疗，比如去医院看医生。但如果我们不在内部找根源，造成病痛的根源还在，就算是看医生，那也是治标不治本。

真正的治疗，应当是从心入手。心上产生什么念头，什么情绪，就会对身体产生什么样的影响。不同的情绪对应着身体上的不同病症，不同的心念引发的生理变化也不一样。为何我们总是感觉身心太累？那是因为我们执取的太多，执念太深重。这就好比我们在走路的过程中，不管看到什么都往背包里装，不论自己是否需要，那么这一路走来能不累吗？况且，我们陷入执念中，很容易催生出消极的心念和情绪，这样一来，不仅活得累，而且还活得患。在这种情况下，不论是请名医诊治，还是吃保健品，都不能让身心真正舒畅起来。执念不破除，最终也只是医得身体却医不得心。

世间万物，宇宙万象，没有哪一样能够恒久存在。我们说调治心灵，终究离不开这世间万事万物，也不离这肉身。真正有智慧的人与那些愚钝之人有什么区别？还不就因为前者能够时刻观照自己的心念，是带着觉知在生活？若我们也能如此，心灵上没有负担，身体上又怎么会轻易患上疾病呢？

【智慧心语】

破除执念，身心轻松自在，不再困惑

瓦解烦恼，时刻觉察自心，观照心念

身体的病痛，多数是由烦恼而生

内心安详从容，不起执念

自然幸福快乐，身心调和

对生活摆出喜悦的姿态

古时候有位奕尚禅师，某天他刚处理完手头上的事情，就听到悠扬的钟声响起。奕尚禅师非常专注地聆听这钟声，等钟声停后，就向一名弟子询问："今天早晨司钟的人是谁呢？"

弟子回答道："是一位新来参学的沙弥。"

奕尚禅师就让弟子把这个沙弥叫来，问道："今天清晨的钟声很是特别，你是带着怎样的心念在敲钟呢？"

沙弥恭敬地回答说："也没有什么特别的心念，只是把心思用在敲钟上而已。我想着，又是新的一天了，真令人开心啊！"

奕尚禅师很高兴，他说："今天听到的钟声，真的是响亮又清脆。只有心怀正念与喜悦的人，才能敲得出这样的声音来。"

过了一会儿，奕尚禅师又对弟子们说："希望大家无论做什么事情，都能保持喜悦之心，保持正念。"

再分享一个有趣的小故事。

佛光禅师有位弟子，名叫大智。某一日，大智辞别师父，去别处参学，多年之后回来，向佛光禅师讲起他在各处禅院参学的一些见闻经历。佛光禅师微笑着，听得非常认真。

“师父，一别这么多年，您的身体可还好？”

佛光禅师高兴地说：“我很好啊！每天讲经、说法、坐禅、抄经，觉得日子很是充实。”

次日清晨，天边微微泛着红光，禅院里就响起佛光禅师的诵经声。下了早课之后，老禅师又对那些提问的弟子一一讲解。然后呢，又开始翻阅经书，下午又对新来的学僧进行指导，他从早到晚似乎都未曾休息。

有个弟子问道：“禅师！您这样操劳，难道不觉得自己上了年纪，应当多注意身体吗？”

佛光禅师笑了，“我实在没有觉得自己上了年纪，况且，也没有时间去想是否上了年纪这个问题啊。”

“没时间想上了年纪”，实际上是说自己完全没有“老了”这么个概念。佛光禅师关注的是当下的生命体验，而前面那个故事里的敲钟小沙弥则是带着喜悦清净的心去做每一件事。不论是小沙弥，还是佛光禅师，他们都属于那种带着喜悦心、清净心和禅心面对生活的人，所以他们极少会生起烦恼，想必身心健康状况也不会太差。

在我们的生活中并不只有风平浪静的时候，生命中的障碍随时都会出现，痛苦的事情也会一再地汹涌而起。尤其是每个人都会有头疼脑热的时候，身体上的小病小痛出现时，我们或许还觉得没关系，尚且能够笑对人生风雨。可一旦小病痛持续得太久，或者大病痛突然降临，我们可能就再也无法欢喜地面对生活了。

尤其是我们陷入病痛中又找不到对治方法时，那种绝望与恐惧，根本无法对人言说。犹如盲人在黑暗中行走，本来眼睛就看不到东西，在黑暗的环境中，更是增加了无数烦恼。

但如果我们明白，不论是疾病降临，还是苦痛到来，我们首先在自己的内心点燃一盏喜悦的灯，就有可能给自己带来转化生命的契机。

当然，在无病、无痛、无障碍的情况下，我们能够始终保持喜悦的心，带着喜悦的心体验人生中的每一个经历，而不是想着“哎呀，我好怕自己老了啊”，或者“真烦啊，今天遇到了那么多讨厌的人和事”，久而久之，我们真的会加速自己身心衰老的速度，也会遇到更多讨厌的人和事。

【智慧心语】

带着喜悦的心面对生活

带着慈悲的心对待他人

正向积极的情绪是我们的最佳伴侣

不断减少消极心态，才是保持健康之道

去接近那些正能量的人

古代有位读书人偶然看到了这么一句话，“金刚非坚，愿力最坚”。看到这里，这个读书人不是很懂其中的道理，便去拜访无相禅师，希望他能指点一二。

无相禅师就说：“每个人都有自己的惰性，或者遇到一些障碍，因此在觉悟的路上，就很容易退失信心。所以，需要靠着愿力来支撑。这种愿力，也是一种鞭策。你看那些高僧大德之所以在修行证悟的道路上有所成就，都是靠着大誓愿力来完成的。”

只是那位读书人依然很是困惑：“为何说一定要立下救度众生的誓愿，修行上才会有所成就呢?”

无相禅师答：“就好比一棵树，众生是树根，菩萨是花，佛便是果。一棵树能够开花结果，必然是先照护好树根。”

从这个故事中，我们得到这样的信息：那些觉悟者，都是慈悲的人、智慧的人、身心清净的人、正能量的人，我们不仅要以他们为榜样，更要在现实生活中多多接触这类人；每个人都追求身心健康、生活幸福，所以，欲令自己安乐幸福，就必得先把他人的利益安乐放在心上，至少不能做损害他人身心健康的事情。

我们需要了解的是，不仅自己的生命状态、人生方向由自己把握，每个人都应当对自己的人生负起责任来，更是希望我们能够意识到禅修智慧在现代社会的重要性以及它对人们的影响。

越是接近那些正能量的人，我们越是能够感受到一种力量以及对于创造自己生活的信心。在现实生活中，这样的事例非常普遍。但如果仅仅只是停留在“接近”这个层面，我们与这些高能量的人还是有差别的。

我们得让自己也成为这样的人，而不是一直踮着脚尖，巴望着对方、羡慕着对方。

身边一位女友说，“只是羡慕对方的生命品质有什么用？倒不如以对方为榜样，自己也成为一个不断提升生命品质的人。”

我想，在你我的身边一定不乏这样的女人。她们看待问题非常透彻，似乎很少有烦恼的时候，当身心出现不适时，她们能够进行自我调节，不仅疗愈了自己的不适，还能够将生命状态向上提升。

可是，我们仅仅只是羡慕她们，这对于我们提升自己的生命品质并没有什么实际帮助。我们要做的是通过切实可行的方法，也成为自己羡慕的那类女性。自觉地修整身心给每个女性朋友带来的最大帮助就在于它能够让我们每一个人都生活得更好、更安乐、更智慧、更慈柔。

在无相禅师启发读书人的那则故事的最后，读书人问了最后一个问题："请您说说您的愿力是什么呢?"

无相禅师很不客气地说："我的愿力与你何干!"

实际上，无相禅师只是用貌似很"强硬"的姿态开示对方：在做人处事方面有疑问，能够找我来解答，我很高兴，但是，我并不能代替你去亲自处理，也不能代替你的每一个起心动念，更不能代替你来完成某个人生誓愿。

接近正能量的人，是为了能够成为这样的人，然后就能帮助更多的人寻找健康快乐的源泉。如若做不到这一点，那么让自己保持身心健康，获得真实受用，从此过一个祥和安乐的人生也是极好的。

【智慧心语】

与其羡慕身心清净的人

不如自我调整，让自己也清净喜悦
与其指望依靠别人的帮助
不如激活自我成就的意识
接近高能量的人，以他们为榜样
而不要徒然地在“羡慕”中虚度一生

不生病的女人

给女人永葆青春美丽的十六堂健康课

第十五课

让身心内外明彻，净无瑕秽

从出生到死亡，我们何尝清醒过？从身体健康到身患疾病，我们何曾透彻过？原本以为，生命不过是一种安排，而忘记了生命的本质是一种追求。只要我们足够清醒，我们就永远是这条生命之路上的创造者。

生命不是安排，而是一种追求

在传统医学中有个观点，叫“以心养身”。因为身体的生理变化是由心理变化作用的，人体的各种疾病也多与情绪和心念有关系，所以，想要身体健康，必得心理健康。可问题就在于，我们的内心不够清净，身心不够调和，并且我们对于这种不调和、不清净的状态还不能清醒地觉知到，这就难怪我们时常会感到身心不适了。

虽说人活一世，要想从出生到死亡这过程之中绝对不生病不太可能，但健康长寿、身心和乐是一种正当的人生追求，即便无法避免小病小痛，但经过不断的身心调节后，很多慢性病还是能够预防的。

如果每个人都能健康长寿、身心和乐，就能够给这个世界以更多的正向影响。生命的过程，应当是一种创造性活动，是一种追求，而不能被动地由着外部环境来安排、来操控。即便身体健康状况不够理想，但并不意味着我们就失去了重获健康身心的可能。

只要内心还对生活有向往，不论在哪个人生阶段或者身心处于什么状态，都不耽误我们修整心灵，提升自己的生命质量。

就拿健康长寿这种期盼来说，我们应该意识到自己有能力使自己身体健康，而不能把所有的期盼都寄托在他人那里。再先进的医疗设备，再高明的医生，都是给病人准备的，而我们要成为的是不生病的女人。

一个人最大的成功，不是年少成名或积累财富，而是成为自己生命的主导者，不会轻易被烦恼痛苦、阴暗心念和负面情绪所操控、捆绑。

在追求身体健康的同时，我们更要追求精神的成长和心智的觉悟。因为追求身体健康的目的并不是无休无止的享乐，而是要实现人生的价值，这种价值主要就体现在服务社会。哪怕实在能力有限，并不能为社会做更多的事情，至少自己身心健康、心怀善意，对身边人也能起到积极的导向作用。

每一个生命，都有着不可估量的价值。我们追求自身的健康长寿，这是护持自己生命的一种表现。如果我们能够把消灾延寿、增长智慧的方法带给更多的人，那么便能帮助其他人护持各自的生命，真正实现完善自己的同时也帮助他人。

有些朋友总是心有疑问，觉得只要自己好就足够了。但如果我们心中只想着自己好不好，却不在意他人的感受，就等于把自己与他人隔离开来，最终我们很难感受到别人的友善，进而引起情感隔离和孤独感。

而这种孤独感也能够成为引发身心疾病的压力源。

约翰·卡乔波是芝加哥大学认知和社会神经系统科学中心主任，他根据多年的研究得出一个结论，“孤独的人与不孤独的人不同，他们倾向于把有压力的情势理解为威胁而并非挑战，并且被动地以请求器械或感情支持的方式来应对，而不是主动适应并力图解决问题。”

那些长期处于孤独感之中的人，不仅睡眠质量深受影响，并且注意力水平和逻辑推理能力也会呈现下滑的趋势。

还有部分朋友的想法是，自己不主动整治身心问题，也不主动与人互动交流，完全处于被治愈、被拯救的被动状态中。如果要成为一个对生活有追求、对生命有期待的人，就不该等着旁人代替我们去生活，我们应当自我疗愈、自我拯救、自我提升，而不能事事都有赖于旁人。

若是我们诚实地面对自己，就不难发现，我们的人生中存在着诸多问题。从出生到死亡，我们何尝清醒过？从身体健康到身患疾病，我们何曾透彻过？原本以为，生命不过是一种安排，而忘记了生命的本质是一种追求。只要我们足够清醒明白，我们就永远是这条生命之路上的创造者。

【智慧心语】

生命中最伟大的事业便是心灵上的追求
每个人都应当成为自己生命方向的主导
如果只是等着别人安排自己的生活
如果只是依靠外界帮助维持自己的健康
那么这生命该是何其苍白软弱，缺少力量

所谓调治身心，就是把自己的事情做好

某天，智常禅师在日头下面锄草，草丛中突然蹿出了一条蛇，禅师一见，举锄便砍。恰好此时有位行者在旁边看到。行者愤愤地说道："哼，我还以为您这个出家人能有多慈悲，原来也不过是个粗俗之人啊！"

智常禅师拄着锄头就问："从来没见过像你这样说话的人，到底是你粗，还是我粗？"

行者反问："那你给我讲讲，什么是粗？"

智常禅师不说话，只是放下了锄头。

行者又问他："那什么是细？"

智常禅师举起锄头，做出斩蛇的姿势。但行者对这些并不明白。

智常禅师反问道："你什么时候看见我斩蛇了？"

"就在当下！"行者说。

"哦？你真可笑啊。生活在当下见不到自己，却跑来看别人斩蛇，活得真愚蠢啊！"

一则禅门故事，把那些尚且不能照顾自己的生活，却专门盯着他人的短处过日子的人嘲讽得淋漓尽致。在我们的现实生活中随处可见这样的人，自己尚且不能调治身心，放任自己一身的坏毛病，却偏偏专门留意别人的问题。于是，自己的坏习惯越来越多，积习难改，在坏习惯的影响下，生活中的障碍也就越来越多，如果找不到转变生命状态的办法，就会陷入痛苦的境地。

然而，可悲的是，这样的情况在我们的现实生活中还真的不少。许多人连自己的日常生活尚且照顾不到，却偏偏喜欢盯着别人的生活看。就像上面那个故事里的行者，在当下的生命体验中丝毫没有照顾到自己的心念上有什么问题，反而专门去看别人的言行是否有毛病。

所谓修整心灵，就是做好自己的事情。把心收摄在一处，专注于自己的生命体验。这时候，才能发觉到身心上不调和的地方，也才能对失调的身心进行修整，进而恢复身心的清净与健康。

想起一位医生朋友之前讲过的笑话。

她的一位患者，每次在她的诊所看病抓药之后，总要再唠叨几句。比如，某邻居面色不好一定是得了重症，某同事神色倦怠必然是患了心病。

于是，这位医生朋友就问她："您知道您的身体哪里有问题吗？"

她摇头，很沮丧地说："不知道"。

"你有闲工夫盯着别人的身体状况看，可是为什么不肯看看自己身心上的问题呢？"

我们都嚷嚷着要有个健康的身体，可是从来不肯对身体多关注一分。我们都说着要调治自己的身心，可为何我们只看得见别人的毛病，却不肯看自己的过失呢？

调治身心其实也没什么困难的，无非就是带着觉知去生活，时时刻刻观照自己内在就好。但难的却是，我们总是把目光放在别人身上，或者把烦恼的根源指向外部。如果一直这样生活，那么一旦身心生起病痛，就不要恐惧或是抱怨了。因为我们根本没有真正地照顾过自己的身体与心灵，总是盯着别人的生活看，一旦身心出现问题，我们又能怨谁呢？

【智慧心语】

调治身心，是向内部观察

观照心念，观照情绪

摒弃错误的想法

使生命正向成长

为何我们要盯着别人的错误，

却不肯改正自己的缺点

用大爱活出真正的自我

在当今社会的大部分地区，随着女性的地位不断提升，学历、能力和收入等都有所提高，女性对自身投入的关注度也大为提高。健身、护肤、购物、旅行、阅读、学习更多的知识和技能，以努力的姿态过一种自己喜欢的生活，经营自己喜欢的事业，这都是爱护自己的不同方式。但是，女人们真正缺少的是对自己的大爱。这种对自己的大爱，并不等同于自私自利，与那种以自我为中心的处世态度也毫不相关。

这种大爱，首先是一种承担。我们应该了解到，人生中的障碍和缺陷，根本由不得我们控制。既然障碍出现，那就面对它，承担它。我们不必做驰骋沙场的女英雄，但至少应该对自己的人生有所担当。当然，偶尔吐槽抱怨，偶尔怀疑人生，那并不足以对身心健康构成严重威胁，只是我们不要在障碍出现时产生怨恨的情绪，这种内心的怨恨才是导致身心疾病发生的原因。

既然要做自己生命的主人，那么就承担起自己的过去，也承担起自己的未来。不绝望，不抱怨，不嗔恨。踏实地省察内在，了解自己的情绪和念头，了解到身心是永远变化着的，就如同人生境遇一样，因而能够以比较平静的心态接纳生命中的障碍。一旦了解到身心变化和外部环境变化都不过是事物存在的规律，我们不必强制自己，装作内心平静的样子。诚实地接受自己的不良情绪和消极念头。可能当下的你觉得自己的想法很阴暗，可是人的想法都在不停变化，允许自己出现颓丧的状态，但不要长期地生活在阴暗的状态中。

爱自己的比较高级的方式，是调整身心，对治烦恼，随时修整自己的生命状态，进而保持身心的健康与活力。这种身心调和后的愉悦感受，可不是一顿大餐、一件名牌时装、一盒化妆品所能相比的。

对自己怀有大爱的女人，不仅会生活、懂生活，最重要的是她们真正善待自己的身心，让自己的生命走向始终朝向光明状态提升，而不是放纵自己那些过度的欲望，放纵自己的不良习气。既能有所追求，又有所克制，这才是明智的活法。

别的女人可能终其一生都在烦恼的旋涡里打转，但是对自己怀有大爱的女人，却更愿意做一个身心健康的调和者，她不仅善于养护身体，更乐于调理内心。她是靠着智慧的生活方式来保持身心的健康状态，通过养护心灵来达成延年益寿的目的，通过自觉调治身心来成就幸福美好的人生。

当其他女人靠着昂贵的化妆品试图挽留青春、留住美丽时，对自己心怀大爱的女人则在养心调心护心的过程中使容貌变得越发柔美。

从现代心理学研究的角度看，身体的一切疾病，源头都在于心，种种病痛都是身心不调和引发的。即便由于饮食、环境、病毒感染等外部因素导致了疾病出现，但若是内在世界调理得足够稳妥，那么诸多病痛也能得到减轻与缓解。

智者大师说过："若能善用心者，则四百四病自然除差。"调理好内心，对于身体健康的重要性一目了然。一个真正爱自己的女人，绝不甘愿做负面情绪的奴仆，更不会任由自己的命运一再地受到破坏性心念的干扰。既然疾病的源头在心，那么就从养护心灵入手，对自己的健康负责，对自己的人生负责。

如果我们把这大爱扩展的范围更广泛，那便是创造一种自我与他人、人类与自然生态以及其他生命的和谐状态。内心有大爱，有慈柔的人，又怎么会轻易生起烦恼？既然能够解决掉内心的大多数问题，善于调节情绪，保持愉快正向的心态，那么身心健康、延年益寿便不再是虚妄之事。

【智慧心语】

用大爱活出真正的自我
选择身心清净的生命感受
养护心灵是健康长寿的根本
身心调和才可永葆青春

自然疗愈，不失为一种途径

记得在一篇文章里看到，人与大自然之间的亲近乃出自于一种本性，就像孩子与母亲之间的那种深厚感情一样。身处于大自然中，人们能够产生一种身心愉悦、放松的感受，并且很容易地就能转化掉那些负面、消极的情绪。美国费城医疗研究院医师、园艺疗法创始人本杰明·瑞希先生认为，借助园艺活动得以亲近自然，在这个过程中能够帮助人们放松身心、缓解压力，促进身心疾病的康复。

尤其对于心理上存在病症的人群来说，亲近自然绝对是一项疗愈身心的有效途径。

在接触大自然的时候，我们的身心能够真正地放松下来。因为有许多心理病症都与生活节奏的加快以及压力不断加重有关。而心理疾病则又会导致生理疾病出现。所以说，每一位追求健康美丽的女性，都应该掌握一些调治心理、放松精神的小方法。

自然疗愈包括的范围非常广泛，除了前文提到的园艺疗法，我们还可以把植物带到办公室，带到自己的家里。

选择一些对人体有益的植物种植在办公室或家中，这些植物便成为帮助我们调治身心的“良医”。因为绿色植物能够缓解焦虑紧张的情绪，当我们面对绿色植物注视几分钟，就能有效缓解视觉疲劳并且舒缓身心。

如果选择一些鲜花，那么可以考虑通过花香来调节情绪。玫瑰、丁香等花的气味能够给人们带来心情愉悦的感受，而薄荷、紫罗兰则能够提高人体的免疫力。有着“法兰西玫瑰”之称的电影明星苏菲·玛索散发着优雅魅力，而她就非常喜欢亲近大自然，她说自己平时最大的乐趣便是打理家中的花草。在面对媒体采访时，苏菲·玛索说，她在打理花草时能够更为深刻地专注于当下，当下的她内心轻松安适，感觉到生活的乐趣并且缓解因工作带来的压力。

从宏观的视角来看，我们这一生中的一切痛苦、灾难和障碍，那都是病，而我们则时时都在病中。同时，世间万物往往可以成为调治身心的药。这个是没有定法的。只要能够帮助我们去除痛苦，获得安乐，那就都是药。至于方法、途径等，则不需要过多讲究。所以，大自然便也可以成为调理人们身心疾患的医师，植物则是安抚人们内心烦恼的药剂。

亲近大自然还有一项好处，那便是唤起我们的慈柔之心。

长久以来，我们惦记的无非是收入、业绩，或者与他人攀比计较，或者患得患失，活得格外疲劳。渐渐地，我们的身心都变得僵硬起来，只会关心自己，而对待其他生命则缺少一定的关怀。我们还应该了解到，调治身心不仅是为了提升自己的生命品质，更是能够帮助我们身边的其他人一同接受喜悦，大家都生活在和谐欢喜的感受中，这多好！

当我们接触大自然时，我们会因为呼吸到新鲜空气、接触到花香鸟语而更爱这个世界，从内心生出一种对万物的爱，这便是生起慈柔之心的第一步。同时，这也能够柔化我们的身心，使我们从那种僵硬的状态中解脱出来。

【智慧心语】

过一种智慧健康的生活

调和身心，融入大自然之中

自然力量常常是殊胜的药物

能够对治我们身心的疾病与烦恼

善用自然力量来净化身心

做一个内心安乐、身体健康的女人

通过检视身体，进而修炼内心

身心相通，是说心理上出现什么问题能够反映到身体层面，而通过观察身体上出现的症状也能够找到心理上相对应的问题。这个道理也适用于我们的生活层面。

内心起了怎样的念头，人生中便会遇到怎样的境遇。如果自己人生处处有障碍，那么便提醒我们要向内心世界多做探寻与省察。生命中的顺境与逆境、阻力与障碍，这一切都可以在内部找到原因。

在平日里，我们应当时常地检视自己的身体，这不仅能够及时发现某些病症，更是要通过观察身体进而反省内心。

比如一个脾气反复无常、过度情绪化的女人，其内在症状必然是对于自我、对于外部环境抱有过重的执取心理。稍微遇到一些不合自己心意的事情，脑海中首先出现的是“这个人、这件事实在太过分了”，遇到问题并不是首先想着如何去解决，而是先在内心生出怨恨的念头。

再比如，有人饮食睡眠皆不安稳，心神总是焦虑恍惚，那么此人必然思虑过重，想得太多，属于长期患得患失的那类人，如果还不及时调治，身体上出现的病症恐怕就不只是饮食睡眠不安稳这些了。

实际上，如果追根溯源的话，心病的原因只有一个，那便是对于自我存在的执取。执于自我的存在，就要处处凸显这种自我存在感。某同事说话不合我心意，于是我发脾气；某领导批评我工作进度太慢，于是我就很忧伤，甚至还产生了敌对情绪；有人比我长得美，工作比我还努力，于是我就既恼火又妒忌。然后，各种纷乱的情绪和心念生灭不息，我就在这烦恼之中轮转不已，极少有过平静的时刻。

找到了根源，那就要进行自我调治。最初，我们可能会觉得很惶惑，不知如何调治心上的病。而这些调治方法，从根本上来说，需要我们提起正念，生起觉知，以正确的知念见解去看待现实人生中的诸多问题。经常生起消极的思想心念，其实就是看待问题的角度有所偏颇。一旦我们陷入到偏颇的观念里，就很难再端正自己的心态；精神和心灵层面一旦烦恼不断，身体也就跟着吃苦头。

比如说，我们面对现实生活的时候，总会遇到一些与自己的想法不符合的情况。以正确知见来观察这些情况，我们就会发觉，这并没有什么值得痛苦的，世间万事的规律本来就如此，不可能万事万物都符合自己的心意。可错误偏颇的观念里却认为，凡是不符合自己期望的，都是不应该出现的。我们期望自己喜欢的人也能对自己情深爱重，可并不是所有的爱情故事都能有一个圆满的大结局。一旦爱情理想落空，持错误偏颇观念的人就会将自己拖入到痛苦、悲伤、恼恨的感受中；而持有正确知见的人，则由于意识到万事不可强求的规律，从而很快地恢复元气，而不是因为感情受挫终日抑郁。

一旦自心明亮起来，清楚起来，我们就会逐步减少自己对万事万物的控制感，精神和心灵层面放松下来，身体上的各种不适就会逐渐减轻。

通过调治内在层面从而减少疾病的发生，这与“良医治未病”的典故非常类似。

扁鹊与他的两位兄长同为当时的名医，然而他却说三兄弟中只有大哥的医术最高。为什么呢？因为人们的病症还没有在身体上表现出来时，大哥就能诊断出来，并找到对治的办法，这些并未发病的人通过调治恢复了真正的健康，但不仅不感谢扁鹊的大哥，反而认为是自己本就没有患病。

通常情况下，每个人都是如此。平日里看不到自己内心的毛病，只有当身体出现不适时才着急、恐惧起来。但是焦虑恐慌对于调治身心并没有丝毫益处，反而会加重病苦，给人们带来更多的烦恼痛苦。更有甚者，不到紧要关头，甚至都不肯留给自己一些检视身体状况的时间，更遑论省察内心、调治身心？一旦身体不适，便首先惊慌失措，丝毫不曾想到自己如果不调治心灵层面的问题，只是把恢复健康的希望寄托在外界，不过是舍本逐末，终究对身心健康和精神成长没有丝毫助益。

良医治未病，我们也能成为自己的良医。调治精神层面是医治我们的内心，进而影响身体。凡是身体上表现出来的病症，必然对应着内心的病症。身体的病症靠药剂，而内心的病症则需要我们首先有所察觉，继而认真对治。

【智慧心语】

从心灵层面入手，断除病痛的根源

世间心病最难医治

因为少有世人省察内心

做一个不生病的女人

必然需要内省法调理心灵

第十六课
自己懂得养生，何须劳烦医生

现代心理学研究特别强调心理感受对人体健康的影响。客观环境原本不带有是非对错的属性，可就是因为它顺应或违逆了我们的心理感受，我们才给外物贴上了各种标签，正所谓“境本非善，但以顺己之情，便名为善；境本非恶，但以违己之情，便名为恶。故知妍丑随情，境无定体”。

你完全可以成为最幸福的人

只有失去过幸福的人才最憧憬幸福，只有重病中的人才最懂得身心健康的重要性。可寄托在外物之上的幸福不过就是在瞬息之间不断变化的现象而已，个体的生老病死在时间长河里来说也不过是一个刹那。

现在我们都知道，疾病包括身病和心病，而大多数身病都是因心病而起。不正确的心念引发了不正确的行为，因而导致身体患上病痛。

找到了这个根源，我们又何必惧怕疾病？就好比我们如果都能觉悟到真正的幸福并不完全与外物相关，同时，所谓的“幸福”也不过是漫长人生中的一个短暂时光，是诸多感受引发出来的，是不会长久存在的，犹如镜花水月一般，能够洞见到这个真相，那么我们便有可能成为那个最幸福的人。

与幸福相对的是烦恼，烦恼的根源在无明，而烦恼的表现则是身心痛苦。身苦的表现为衰老、病痛、死亡；心苦的表现就比较多了，求而不得是种苦，与相爱之人分离是种苦，与完全合不来的人相处共事，那更是一种苦，除了这些，我们还会有其他诸多不愉快的感受。

心理痛苦源自对自我意识的强烈执取。我们强烈地执取着自己喜欢的，而自己不那么喜欢的又要竭力躲避，于是活得就特别累。然而，外部环境是刮风下雨还是阳光漫天，都只是一个客观存在的现象而已，是我们自己内心的执著引发了种种不正确的思想，这些错误的想法钳制住了我们的身心，让我们不得自由，让我们身心失调。可以这样说，大部分的不幸福以及病痛都是我们带给自己的。

有个叫莎莉的朋友喜欢四处旅行，在某次游玩回来之后，她分享了自己外出时发生的一件事。

那一天天气极好，莎莉与友人们在阳光下嬉闹，欢快地满心都是阳光。可是突然间她感觉到左脚有些疼痛，她还没反应过来是怎么回事，这疼痛马上就传遍了全身，使得自己整个身体都要蜷曲起来。她马上联想到各种各样不好的事情，甚至还想到了这会不会是什么疑难杂症降临到自己身上。

其中一位朋友很温柔地安慰她，并细心地检查她的脚部，结果发现有一只大黄蜂叮咬在脚趾上，并且还被夹在了脚趾中间。

“你得张开脚趾，让大黄蜂出来才行啊。”大家说。

可莎莉却痛得都控制不住自己了。最终，一位胆子大的朋友帮忙把莎莉的脚趾掰开，把大黄蜂放走，这时候，脚上的痛感才减轻了些。莎莉也意识到，正是自己刚才的心念太紧绷，只是把注意力集中在疼痛上，以至于无法控制身体，无法张开脚趾。

莎莉说，很多时候我们觉得好痛苦啊，好不快乐啊，人生一点都不幸福。可这又能怪谁呢？是我们自己产生了执取的心念，是我们自己紧抓住痛苦的源头不放手。

病从心上生起，而一旦我们了解到心灵是可以被训练的，我们的烦恼感受就会越来越少，身心调和的程度也会越来越高，这样一来自然可以维持在健康状态。

【智慧心语】

病苦的感受受控于内心

调整身心，正是让我们了解到

通过训练心灵能够减少烦恼

一旦身心调和，便是那健康美丽的女人

疾病虽可怕，却有办法降伏它

有些养生健身方面的观念可能看似偏于陈旧，却依然能够给现代人某些启示。首先，我们要维持身心健康，就应当进行必要的体育运动和日常劳务。并且，出行时要选择适当的时间，而不能太过随心。比如夜晚就不太适合独自出行，容易出危险，并且夜间是某些疾病的高发时间段，如果要避免发病，避免发生危险情况，那么就要根据自己的实际情况选择恰当的时间。

再者，为了保持身心健康，我们还要摒弃过多的欲望。多买一支口红或少买一个背包，并不能给我们的生活带来什么变化，但如果物质方面以及情感方面的欲望过多，那么确实会影响身心的协调。所以，身心清净，欲望较少，无攀比心，这样最好。

此外，饮食方面要适宜，不能因为喜欢某种食物就过度摄取，在饮食方面首先考虑到的应该是自己的体质与所食用的食物是否适宜。

生病时就要及时就医，在就医的同时，还可以通过一些适合自己的方式来调和身心。并且，还要尽量地远离一些对身心有害的娱乐活动，远离某些可以避免的灾祸。古语有言“千金之子不坐垂堂”，说的就是真正珍惜自己的人，是不会把自己放在危险的境地中的。

比如有些极限运动并不是人人都适合参与。如果有人不顾自己的身体情况，偏要尝试，那么只能说这个人太愚蠢。还有些人为了缓解压力而选择酗酒甚至吸毒，结果压力并没有得到缓解，身心受到的损害倒确实不小。

真正爱自己，就应该选择有益于健康长寿的生活方式。病痛虽然可怕，但我们依然能够远离它，这就要求我们选择健康、适度的生活方式。古代劳动人民在长期的生活实践中总结出不少有益身心健康的经验，比如传统文化中所谓的“调五事”便是其中极为宝贵的调节身心的经验和方法。

所谓“调五事”便是调饮食、调睡眠、调身体、调呼吸、调心。

日常饮食调节得好，对人们的健康就相当有裨益。除了饮食需要调节，我们的睡眠、身体乃至呼吸都需要调节。若要面色有光彩，就不能长期熬夜；若想身材苗条健美、柔软灵活，就要杜绝久坐不运动；若要祛病强身、呼吸顺畅，就要调整呼吸，采取有益于身体健康的呼吸方法。

至于调心，在日常生活中则更为重要。现代心理学研究特别强调心理感受对人体健康的影响。客观环境原本不带有是非对错的属性，可就是因为它顺应或违逆了我们的心理感受，我们才给外物贴上了各种标签，正所谓“境本非善，但以顺己之情，便名为善；境本非恶，但以违己之情，便名为恶。故知妍丑随情，境无定体”。

我们不妨想象一下，如果每一天我们只是被自己那些消极阴暗的思想牵绊，任由负面情绪搅扰，那么我们永远无法平静下来，身心失调便在所难免。我们的这些心念生灭不断，没有停歇的时候，极不易调伏，因而身心疲累、病痛出现。

所以，除了在饮食、睡眠、日常活动等事项上需要注意按照实际情况进行调整，更要紧的是，我们要时刻留意自己的心念和情绪。这些都属于内在世界的范畴，都属于心灵的问题。看似远离我们的现实生活，可实际上，要解决现实生活中的问题，比如如何保持身心健康、降低生病的概率，从来就不能避开每个人的内心存在的问题。

【智慧心语】

要想调治心灵，平息杂念

让身心都安静下来

就不应做消极心念的奴隶

须调整呼吸，调节身心

对待病魔，要有坚定的信心

在面对病魔的时候，我们首先应该生起的便是坚定的信心，而不是因为身心出现病痛就否定了生命的价值和人生的意义。有了坚定的信心，当病痛现起时，就不会慌乱、悲观，而是以阳光的心态积极地配合医生进行治疗。

虽然，并不是所有积极的救治都能得到最好的效果，但能够抗击病魔、恢复健康的都是那些对自己的生命力有着坚定信心的人。

去年，我身边的一位阿姨患了重病，曾经丰满的面庞似是瞬间消瘦，昔日光彩夺目的双眼流露出的是无尽悲苦。在静养的那段时间里，阿姨似乎是思考了很多事情，而思考最多的则是死生问题。可能终究是想通透了，阿姨反而不再惧怕死亡，既然连死亡都不惧怕了，又何必惧怕疾病呢？如此一想，阿姨反而振作精神，一改往日悲观沮丧的状态。原本是痛恨吃药打针，痛恨医院的消毒水味，但后来她反而以积极的态度来配合治疗，就连医生都说，这位阿姨的转变当真是不可思议。

“唉，原本是想生病了，身体坏了，生活也就很难继续下去了，可是能来世间一场，毕竟还是应该珍惜自己的。虽说没必要对身体太过贪执，可如果身心病痛消除掉，自己就可以做一些真正有意义的事情了。”阿姨说这些话时非常平静，略微肿胀的双眼流露出点点光芒。她说她想做的事情还有很多，其中多数都与公益事业有关。可能阿姨是想通过这种方式去帮助那些生活困难的人群吧。

当阿姨渐渐地打开了心门，想明白了一些世间道理，她便重新燃起对生命的热情。她总说，之前忙忙碌碌的全是为了赚钱，可是赚钱哪里有尽头，直到生病之后才发觉，无病无灾才是最踏实的幸福。当然，女人努力工作这并不是什么坏事，只有当我们的内心过分贪执时才会令身心失调，从而患上疾病。

还有许多女性朋友，也曾坦言自己为了追求事业上的成功而牺牲了身心健康，这是很不明智的。所谓的“成功”其实是一把双刃剑。一方面，实现自己事业上的理想，确实是人生中的幸福，同时也能间接地帮助其他人。但另一方面，我们如果满眼看到的只是自己的成功，满心想的只是银行卡上的存款，整天盘算的是如何打压别人、成就自己，那么外在的成功便成了一种负累，让我们内在心灵受到极大的损伤。

我们谁都逃不掉衰老、疾病和死亡。但是在患病时，我们却可以唤起自己的信心。内心越是平和清净，有着坚定的信念，便越是能够对身体产生正向的影响和积极的作用。若不信，请看我们身边的那些真实事情，大凡面对病魔还能保持乐观和信心的人，或病痛减轻，或最终痊愈。

心念对身体的影响非常巨大，而时刻注意修整内在世界的神奇之处，便正在于能够安定我们的这颗狂乱躁动的心。

【智慧心语】

有了坚定的信心，即便身体病痛
可神情愉悦，心态平和
即便病魔袭来，也不必恐惧焦虑
先平定那内心，用清净心念影响身体
身体的病痛便可逐渐减轻

心量大，健康便唾手可得

现代医学研究认为，除了劳累过度、饮食不节、身心不调和等原因外，各种不健康的心理因素也会导致身心疾病的发生。其中，尤以不健康的心理因素导致的疾病最不易治愈。因为仅仅通过药物根本无法除掉病根，必须依靠适宜病患的修行方法来调整身心，解除心理负担。

民间有句俗语：心量大的人，生了病都不怕。

其实，假如人人都能扩展心量，调整心性，不仅生病后不害怕，甚至连生病的机会都很少。因为身心越是调和到清净光明的状态，便越是接近身心健康。这个调和的过程也就是修行，即通过正确的思想行为来影响生活，进而给身心以正向的牵引。

当然这并不是说只要我们调治身心之后就一定不会生病。但是，如果我们不去调治身心，无视心灵出现的问题，那么我们的病痛只会越来越严重，生命质量越来越下滑。

调治身心、重视心灵修养，是为了校正我们的思想言行，将生命状态引领向光明。并且，人体患有小病小痛那也实属正常。生病了就应当去调治，平日里该注意心理卫生就要多加注意，生病了该去医院看医生那还是要去的。

只是求医问药毕竟还是不得不为之的办法。我们最好还是根据自己的实际情况来调治身心，尤其是要注意内心世界的情绪和思想，灵活地选择对治病痛的手段，而不是刻板地执著于一个方法。在接受现代化医疗的同时，我们别忘记，也可以靠着自己的理论来调治内心，从而尽早地从病痛中恢复健康，乃至少生病，最好不生病。

如果我们心量开阔，心念清净，平时的情绪也比较稳定，那么在这样的状态下，身心健康方面出现问题就非常容易解决。但我们并不能做到全天候的平定清净。所以在日常生活中，我们只有通过一些调理身心、对治心灵问题的方法，将自心平定下来，进而实现身心的净化，扩展自己的心量，使生命状态趋于光明。

若是我们能够排除杂念，稳定情绪，使心念归于一处而不至于时刻散乱，身心就能逐渐进入到一种平静的状态之中。

操控着人体六种感官的“总指挥部”正是这颗心，所以，若要身心清净平和，首先要做的就是平定自心。静坐之后轻轻闭上双眼，保持均匀的呼吸。观想着心口部位好像有一朵莲花盛开，然后，将自己全部的注意力都集中在心脏部位的莲花上，如果既能够“看到”莲花的姿态颜色，又能够“嗅到”莲花的清香，并且感受到身体与意念都与那莲花成为一体，便说明此时身心状态最佳，因为这意味着心念已渐渐地归于一处，而不再是之前的散乱状态。

其后，身心便进入无思无念的境地。即没有什么心念生起落下，只是感受着呼吸的律动，感受到心脏的跳动，外界与自身泯于一处，此刻正是一种平和、喜欢的生命状态。也正是在这个状态下，大脑才能够得到充分的休息，身体得到深层的放松。

这种放松冥想练习，既不耗时耗力，又易于坚持，非常适合女性朋友们日常净化身心。

根据医学研究证实，人体大脑的运转非常耗费能量，尤其是每日不间断的杂念此起彼伏，不仅消耗能量，而且可将人们带入烦恼的罗网中。每时每刻，人们都靠着感官向外部攀援，因而妄念也就无法平息。

一旦心念不再散乱，心量得到了扩展，我们便会时常产生一种心神旷然、身体安适的感受，在这样的状态下，身心愉悦清净，疾病就不会轻易出现。正如病毒总是挑选免疫力最差的身体进行攻击，烦恼也会首先摧毁那最虚弱无力、毫无智慧的心灵。

【智慧心语】

把调治身心落实在日常生活中
静坐，调息，对治身心的不适
专注于内心世界的扩展
专注于身心的放松与净化
我们的这颗心啊，既是烦恼的根源
也可以成为疗愈自我的“神医”

活对了，才可能少生病

如果你想知道，错误的活法会给我们的身心健康带来多么深重的损害，那么看看下面的这个案例就可以知晓了。

丁女士有过一段非常不幸福的婚姻生活。每当生活中出现了问题，她总是采取隐忍克制的态度，以为这样就能息事宁人，维持婚姻。可是，问题存在的意义正在于提醒我们要着手解决某些矛盾，改善某些关系，并以此为契机，让自己的生活状态有所变化和起色。

离婚后的丁女士一直无法走出自我怜悯的状态，她日夜哭泣，寝食难安，并且由于持续性的焦虑而引发身心失调的诸种症状：心律不齐、肠胃疼痛、面色萎黄。

在丁女士的心中一直有个根深蒂固的想法：一切都是自己不对，婚姻没有经营好是自己性格不够温柔，未能与伴侣及时沟通问题是因为自己嘴巴太笨。她这种自怜自责又焦虑不安的状态，着实令人心疼！

直到后来，丁女士在好友的陪伴下尝试进行一些心理疗法，并逐渐打开自己的心灵，意识到自己存在的不足，也从那段失败的婚姻中看到了值得自己注意的地方。现在，丁女士对自己的优缺点有了比较清晰的认识，同时也从焦虑不安的心态中走了出来。她变得开朗善谈，并且不再像以前那样，拒绝其他单身男士约会的邀请。因为她明白，自己虽然存在某些缺点，但依然是值得被爱的；同时，虽然曾经有过不幸福的婚姻，但不意味着以后就不会拥有幸福的人生。

自从丁女士逐步注意如何调治身心，并且以正向的态度面对身心存在的问题之后，她的那些症状已经明显减轻。虽然从曾经的那种身心状态中走出来非常不容易，可是，我们如果不逼自己一把，不去改变错误的思想和错误的活法，我们的人生又能有什么指望?

很多时候，我们之所以生病是因为自己内心积存了许多错误的思想。这一点非常明显地表现在一些心理疾病上。心理上的病痛，给人带来的折磨也是深重的。有许多病患虽然身体上无病无痛，但由于心理问题得不到解决，因而时刻生活在烦恼苦海中。

所以，只有活对了，才有可能减少疾病。要想活得正确，就要时刻对内在进行反省。

内省，就是要心力集中在自己的内在。平时人们关注的都只是外部事物，并被外部事物所干扰、羁绊，身心处于完全的不自由、不自主的状态。因此，通过内省来自我觉察、自我觉醒，是非常重要的一种修整身心的途径。

若要心清净，就得随时清理内心的垃圾，因此也就需要时常地进行内省。

当我们安安静静地坐定之后，可以先进行数息法，通过数息法安定情绪后，观想着心湖上出现的物象。这些物象可能是自己平日里的言行，也可能是生灭不断的念头。不必对心念与言行产生过多的情绪，只需要看到错误的那些，并且把它们“揪出来”。

如果在静坐内省时，心念飘忽不定，难以掌控，那么可以暂且停下，再进行一次数息法。第一遍数息法从一数到十，那么这第二遍可以尝试着一直数到二十。每次气息出入身体，就默念一个数字，一定要保持呼吸的轻缓，切不可急匆匆地呼吸。或者，当心念散乱时，如果感觉难以继续内省，也可以暂时放弃。毕竟，修整身心这是个慢功夫，并且最忌讳的便是急于看到结果的心态。

一旦通过数息法真正平定了内心，那么再次进行内省就会感觉轻松许多。在内省时看到不正确的思想言行便意味着一种进步，因为在日常生活里，我们并没有带着觉知面对自已，因而才埋下错误的种子，日后引发相应的结果。但是通过内省，人们能够觉知到应当摒弃哪些思想言行，摒弃掉错误的过去，也就意味着生命的崭新开始，意味着生命状态向着清净光明的方向转变。

这里提供的只是一个内省、内观的方法，对于在调治身心方面缺少实践的女性朋友来说，可以先尝试一下。一切调治内心的方法都需要自己感受，再把这种感受诚实地反馈给自己。如果通过这些调治内心的方法能够唤起我们的喜悦和清净，便是我们莫大的幸福。

如果你在此刻，内心涌起了无限的欢喜与平静，那么恭喜你，欢迎你成为调治身心、自我疗愈路上的同行者。

【智慧心语】

做个智慧欢喜的女人
在每时每刻里善于调治内心
不被情绪控制，不被妄念牵引
通过内省来观察自心
熄灭那些错误的念头
选择正确而智慧的活法
做一个健康长寿的女人